Numerical Simulation of the Aerodynamics of
High-Lift Configurations

高升力构型空气动力特性数值模拟

[美] 奥马尔·达里奥·洛佩斯·梅加（Omar Darío López Mejia） 著
[美] 杰米·A. 埃斯科巴尔·戈麦斯（Jaime A. Escobar Gomez）

王元靖　李国帅　杨　茵　吴继飞　贾洪印　方　亮　牛　璐
夏洪亚　葛雨衍　邹大军　刘立瑶　廖　明　李　多　译

国防工业出版社

·北京·

内 容 简 介

本书通过分层次介绍高升力外形、网格构建、数值方法选取及求解器，系统展示了高升力构型数值模拟的整个过程。本书主要内容包括：高升力构型的物理特征，简要讲述了高升力系统的前缘装置和后缘装置；高升力构型的网格生成，涵盖网格生成准则、曲面网格生成以及网格质量；不可压缩的高升力机翼构型详细求解过程。本书还包含 MFlow 求解器、自适应有限元方法以及开源代码 SU2 的高升力构型相关研究。

本书可供从事高升力构型研究的相关研究人员参考，也可供研究生学习使用。

著作权合同登记　图字：01-2022-6702 号

图书在版编目（CIP）数据

高升力构型空气动力特性数值模拟 /（美）奥马尔·达里奥·洛佩斯·梅加，（美）杰米·A. 埃斯科巴尔·戈麦斯著；王元靖等译. —北京：国防工业出版社，2023.3

书名原文：Numerical Simulation of the Aerodynamics of High-Lift Configurations

ISBN 978-7-118-12834-5

Ⅰ. ①高… Ⅱ. ①奥… ②杰… ③王… ④李… ⑤杨… Ⅲ. ①飞机-机翼-空气动力学-数值模拟 Ⅳ. ①V211.41

中国国家版本馆 CIP 数据核字（2023）第 023368 号

First published in English under the title
Numerical Simulation of the Aerodynamics of High-Lift Configurations
edited by Omar D. Lopez Mejia and Jaime Alberto Escobar Gomez
Copyright © Springer International Publishing AG, part of Springer Nature, 2018
This edition has been translated and published under licence from
Springer Nature Switzerland AG.

本书简体中文版由 Springer 授权国防工业出版社独家出版。
版权所有，侵权必究。

*

国防工业出版社 出版发行
（北京市海淀区紫竹院南路 23 号　邮政编码 100048）
天津嘉恒印务有限公司印刷
新华书店经售

*

开本 710×1000　1/16　插页 4　印张 8¼　字数 296 千字
2023 年 3 月第 1 版第 1 次印刷　印数 1—2000 册　定价 78.00 元

（本书如有印装错误，我社负责调换）

国防书店：(010) 88540777　　书店传真：(010) 88540776
发行业务：(010) 88540717　　发行传真：(010) 88540762

译审委员会

主　任　吴勇航
副主任　何文信　张　林　叶松波
成　员　刘大伟　洪兴福　陈　植　张培红　陶　洋

译 者 序

高升力装置作为重要的流动控制部件，对大型飞机不同飞行状态下的气动性能均有影响，尤其是飞机起降安全性能。一直以来，高升力装置的构型设计及流动机理研究都是飞机总体设计和空气动力研究的一个重要领域。数值模拟作为高升力构型研究的一个重要手段，其长期的研究衍生出众多不同的研究方法。

本书是一部介绍高升力构型数值模拟方法的专著，循序渐进地讲述了从高升力构型到网格生成以及数值模拟手段。第 1 章概述了高升力构型的物理特征，讲述了高升力系统的前缘装置和后缘装置，并对高升力系统的物理特性做了简要介绍。这是认识和了解高升力构型的一个必要过程，有助于读者直观理解本书的研究对象。第 2 章为高升力机翼构型的网格生成方法，对网格生成准则、曲面网格生成以及网格质量做了详细介绍。网格作为数值模拟中重要的一环，是准确模拟流动的关键，本章能帮助读者更好地理解网格建立与流动模拟之间的关系。第 3 章通过求解不可压缩的高升力机翼构型，将数值方法构建、网格生成到求解过程细致展开，讨论在不可压条件下，高升力机翼的压力、升力以及力矩的分布。第 4 章研究 MFlow 求解器在计算 Jaxa 高升力构型标准模型方面的优势，为高升力构型数值模拟提供了一种有效预测阻力和力矩的求解器。第 5 章介绍了一种不含任何湍流模型、适用于时间分辨气动特性模拟的自适应有限元方法，能够可靠预测飞行器湍流分离。第 6 章介绍开源代码 SU2 开展的高升力通用模型的雷诺平均模拟（RANS）研究，是高升力构型的数值模拟的另一种研究方法。

本书系统阐述了高升力构型数值模拟的全部过程，各章节的作者通过合理组织内容，均显示出在该领域宽广深厚的专业水平，清晰展现了高升力构型数值模拟思路。本书旨在通过清晰、简洁的语言，介绍高升力构型数值模拟的过程及方法，为此领域的相关研究人员和学生提供一个参考，推动高升力构型的研究。

本书的翻译出版得到了中国空气动力研究与发展中心高速空气动力研究所的大力支持和帮助。为了做好本书的翻译工作，我们邀请了中国空气动力研究与发展中心的相关领域专家组成译审委员会全程参与、指导本书的翻译和审校工作。他们的辛勤工作与贡献从根本上保证了本译著的翻译质量和专业学术水准，在此对他们的指导与帮助表示衷心的感谢。

本书前言、目录和第 1~2 章由王元靖、李国帅、吴继飞、牛璐翻译，第 3~4 章由贾洪印、方亮、葛雨衍、邹大军翻译，第 5~6 章由杨茵、夏洪亚、刘立瑶、廖明、李多翻译，最后由王元靖统一修改定稿，刘洋、赵阳、蔡金延、孔文杰、赵一迪参与了本书的校对与修订工作。牟斌研究员、周为群研究员审阅了全书，并提出了宝贵的意见，在此一并致以衷心的感谢。

限于译者的水平，书中出现的不妥和疏漏之处，欢迎读者批评指正，以便今后进一步修订完善。

译者

2022 年 6 月

前 言

较高的巡航速度和气动效率的结合,使得机翼载荷有所增加,但对失速速度有不利影响。同时,除了为满足安全标准而限制起降速度,机场的跑道长度还因经济原因而无法增加。正是在这种背景下,高升力装置在商用飞机气动应用方面的重要性开始日显突出。

高升力装置的设计侧重于更简单的系统,以便最大限度地提高升力并降低维护成本。这些装置的气动设计受到起降距离、起降期间的安全速度以及爬升率的限制。所有这些运行参数对升力系数(C_L)、升阻比(L/D)和失速攻角等气动特性都有一定的限制。近年来,数值模拟在预测气动特性方面发挥了重要作用。例如,自 2010 年以来,NASA 和美国航空航天学会(American Institute of Aeronautics and Astronautics,AIAA)组织了三次通过数值模拟预测高升力构型气动特性的活动。我亲自参加了这些高升力预测研讨会(High-Lift Predietion Workshop,HiLiftPW),认为正确预估 C_{Lmax} 附近的湍流和分离流仍然是现代计算代码和软件的一个重要挑战。此外,还需要针对这种应用开发可靠的湍流模型,考虑到需要更精细的网格(大约 2 亿个),以减少不同代码与软件之间的数值解偏差,因此,这些模拟的计算成本是相当大的。数值结果一致表明,往往低估了 C_L 值,以及阻力和俯仰力矩的大小。在该背景下,本书主要收集了 2017 年 6 月举行的最新 HiLiftPW 的一些结果。

本书共 6 章,主要涉及高升力构型,特别是完全 Navier-Stokes(NS)求解器相关的所有构型的数值模拟。这意味着本书中的数值和计算技术均基于计算流体动力学(Computational Fluid Dynamics,CFD)。所有章节都讨论了 2017 年 6 月在丹佛举行的第三届 HiLiftPW 中提出的高升力系统的数值解。所有章节均给出了所研究模型气动特性的数值解,以及与可用实验数据的比较(验证)结果。

为了介绍本书的背景,第 1 章不仅对高升力构型进行了概述,还给出了高升力通用研究模型(High-Lift Common Research Model,HL-CRM)绕流的一些模拟结果,该模型是上一届 HiLiftPW 中引入的模型之一。简要介绍这些结果只是为了让读者对这些构型周围湍流的物理特性有一些了解。第 2 章介绍了 CFD 模拟中高升力构型的网格生成情况。这通常不是教科书或技术文章中深入讨论的主题，因此我个人认为，这有助于更好地了解在面对复杂的问题时需要考虑的挑战和主要特征。本章的一个有趣话题是讨论 AIAA 关于高升力系统网格生成而提出的指导方针。第 3~5 章主要介绍了利用三种不同的 CFD 求解器和控制方程对日本宇宙航空研究开发机构（Japanese Aerospace Exploration Ageney，JAXA）标准模型（Japanese Standard Model，JSM）的数值计算结果。例如，第 3 章主要介绍了不可压缩流求解器的使用情况。HiLiftPW 的主要要求之一是使用完全可压缩的 NS 求解器进行模拟，因此本章得出的结论和观察结果都非常有趣。第 4 章主要涉及使用完全可压缩的 NS 求解器对 JSM 模型进行数值求解；本章讨论了一个非常有趣的话题，即这种模拟所需的高性能计算（High-Performance Computing，HPC）资源以及并行计算中性能效率的估量。在第 3 章和第 4 章中，采用有限体积法（Finite Volume，FV）进行计算，这是将控制方程离散化的一种标准方法。但在第 5 章中，计算流动数值解的方法是有限元法（Finite Element Method，FEM）。自从 2007 年读了 Hoffman 教授的《计算不可压缩湍流》一书后，我就对这本书中提出的有限元法很感兴趣。在第 5 章中，解决该问题的方法是展示基于该方法的求解器的效率及其与 CFD 中常用的其他数值技术相比的优势。第 6 章中，介绍了使用开放源代码 SU2 对 HLCRM 绕流进行数值求解，还讲述了采用有限体积法求解完全可压缩的 NS 方程。

在使用 CFD 预测高升力构型的气动特性方面，希望本书可以为研究生和研究人员提供参考。本书提供了最新的 CFD 计算结果（用于预测高升力构型的气动特性）以及流动特性，因此航空工业的设计师和工程师也可以从本书的内容中获益。我们希望，本书的组织结构能够帮助读者找到一个感兴趣的特定主题，并在阅读每章的内容时能被吸引。最后，我要感谢 Rumsey 博士和 Slotnick 博士在第三届高升力预测研讨会期间对该项目的实施所提供的帮助。

哥伦比亚波哥大   Omar Darío López Mejia

2017 年 8 月   副教授

目 录

第1章 高升力系统空气动力学应用概述 ……………………………… 1
1.1 前言 ……………………………………………………………… 1
1.2 后缘装置 ………………………………………………………… 2
1.3 前缘装置 ………………………………………………………… 3
1.4 高升力系统的物理特性和数值模拟 …………………………… 4
参考文献 ………………………………………………………………… 7

第2章 高升力机翼构型的网格生成 …………………………………… 9
2.1 前言 ……………………………………………………………… 9
2.2 CAD 模型 ………………………………………………………… 10
2.3 网格生成准则 …………………………………………………… 12
2.4 曲面网格生成 …………………………………………………… 13
2.4.1 远场与对称平面 ……………………………………… 16
2.4.2 网格质量 ……………………………………………… 16
2.4.3 偏离 HiLiftPW-3 网格划分准则 ……………………… 18
2.5 体网格生成 ……………………………………………………… 20
2.6 结束语 …………………………………………………………… 24
参考文献 ………………………………………………………………… 25

第3章 高升力机翼构型的不可压缩解 ………………………………… 26
3.1 前言 ……………………………………………………………… 26
3.2 数值方法 ………………………………………………………… 27
3.3 网格生成 ………………………………………………………… 29
3.4 求解过程 ………………………………………………………… 30
3.5 结果与讨论 ……………………………………………………… 31
3.5.1 力和力矩比较 ………………………………………… 31
3.5.2 压力分布比较 ………………………………………… 35
3.6 结论和未来的工作 ……………………………………………… 39

参考文献 ………………………………………………………… 41

第4章 基于MFlow求解器的Jaxa高升力构型标准模型的数值研究 …… 44
4.1 前言 …………………………………………………………… 45
4.2 几何结构和计算网格 ………………………………………… 46
4.3 数值方法 ……………………………………………………… 47
4.4 结果 …………………………………………………………… 48
    4.4.1 大规模并行计算的性能 ………………………………… 48
    4.4.2 安装短舱和挂架的影响 ………………………………… 49
4.5 结论 …………………………………………………………… 68
参考文献 ………………………………………………………… 69

第5章 飞机高升力构型的时间分辨自适应直接有限元模拟 ………… 72
5.1 前言 …………………………………………………………… 73
5.2 模拟方法 ……………………………………………………… 75
    5.2.1 cG(1)cG(1)方法 ………………………………………… 76
    5.2.2 自适应算法 ……………………………………………… 77
    5.2.3 cG(1)cG(1)方法的后验误差估计 …………………… 78
    5.2.4 无为误差估计和指示 …………………………………… 79
    5.2.5 湍流边界层 ……………………………………………… 79
    5.2.6 数值转捩 ………………………………………………… 80
    5.2.7 FEniCS-HPC有限元计算框架 ………………………… 80
5.3 结果 …………………………………………………………… 81
    5.3.1 气动力 …………………………………………………… 81
    5.3.2 压力系数 ………………………………………………… 84
    5.3.3 流动和自适应网格细化显示 …………………………… 88
5.4 结论 …………………………………………………………… 93
参考文献 ………………………………………………………… 94

第6章 使用开源代码SU2对高升力通用研究模型进行RANS模拟 …… 98
6.1 概述 …………………………………………………………… 98
6.2 NASA通用研究模型 ………………………………………… 100
6.3 数值方法 ……………………………………………………… 102
    6.3.1 斯坦福大学非结构化SU2 ……………………………… 102

  6.3.2 湍流建模 …………………………………………… 102

  6.3.3 计算资源 …………………………………………… 103

  6.3.4 几何描述和网格 …………………………………… 103

  6.3.5 几何结构 …………………………………………… 104

 6.4 结果与讨论 ……………………………………………… 107

 6.5 结论 ……………………………………………………… 114

 参考文献 ……………………………………………………… 115

第1章 高升力系统空气动力学应用概述

A. Matiz-Chicacausa 和 C. A. Sedano

摘 要：高升力装置和系统的研发一直是飞机气动研究的重点之一。这种设计是为了在飞机飞行的不同时刻（起飞、巡航和降落）能够操控升力，从而确保飞机能够相应地增加或减少升阻比。高升力系统分为后缘装置和前缘装置。后缘装置主要包括各种类型的襟翼，如简单襟翼、富勒襟翼和克鲁格襟翼，这些襟翼通过降低最低速度、延迟流动分离、增加有效弧度或机翼面积，从而增加升力。前缘装置主要由固定翼缝、活动缝翼、前缘襟翼和翼套组成。这些装置的主要目的是在飞机飞行速度下降时维持升力。现在，越来越多的人采用计算流体动力学来研究高升力系统，从而取代传统的实验技术。尽管如此，CFD技术仍面临着一些重大挑战，在某些情况下，这些挑战只能通过实验来解决。

1.1 前　　言

高升力系统在现代运输机中的重要性是飞机起降性能的重要特点。为了设计高效的高升力系统，已经采用了几种方法；近年来，随着计算能力的迅速增长，计算流体动力学模拟结果的准确性和可靠性得到明显提高，使其成为一个更合适的工具，并作为风洞试验的有效补充。数值模拟在机翼设计上的应用使机翼在不降低巡航性能的情况下承受更高的载荷。

虽然高升力的研究可以追溯到20世纪20年代末，但大多数研究都是经验性的，也没有广泛公开的实验数据库。从历史上看，冷战结束后，世界各国（尤其是北约国家）要求军队在世界各地迅速做出反应，因此需要军用运输机能够在短的跑道上起降[1]。这就要求更好的高升力系统设计。直到1975年Smith的理论研究才对这些系统进行了阐释，这为未来高升力系统的发展奠定了基础[2]。

高升力系统在巡航条件下收成一个连续曲面，从而减少机翼的冗余面积，但在起降阶段必不可少；高升力系统通常包括襟翼、缝翼、翼缝等。目前，高升力系统可分为：前缘装置和后缘装置两类。后缘装置是在20世纪二三十年代第一个被开发的。到目前为止，机翼面积的选择是根据起降速度确定的[3]。但这种装置的外观能够在机翼面积较小的情况下提供足够的升力。机翼面积的减少使设计师可以减少结构重量，并减小蒙皮摩擦阻力。这种装置的发明会影响机翼设计和飞机结构，从而影响燃料消耗、制造成本和运营成本。从1920年开始使用的部分标准高升力装置以及各装置提供的升力增量如表1-1所示。

表1-1 标准高升力装置

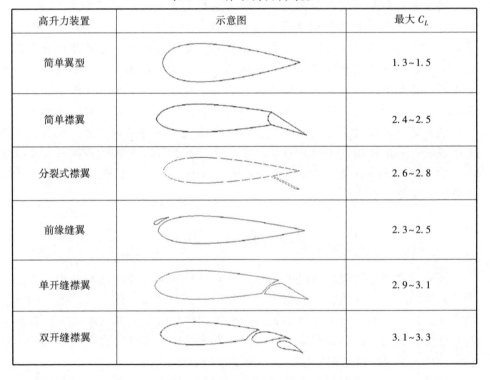

高升力装置	示意图	最大 C_L
简单翼型		1.3~1.5
简单襟翼		2.4~2.5
分裂式襟翼		2.6~2.8
前缘缝翼		2.3~2.5
单开缝襟翼		2.9~3.1
双开缝襟翼		3.1~3.3

1.2 后缘装置

简单襟翼是第一个也是最常见的高升力系统。Henri Farman 在1908年首次使用这种装置，但当时的工程师们对这种装置并不感兴趣。直到1914年，这种装置才安装在SE-4双翼飞机上，成为飞机上的标准配置。费尔雷（Fairey）于

1916年开始建造这种装置[3]。襟翼是固定在机翼后缘的一种可移动部件。安装襟翼的目的是降低最低飞行速度或者增加起降构型的展开角度，以产生足够的升力确保飞机可以起飞。简单襟翼的展开角度限制在20°，这限制了其产生升力的能力[4]。

后来，有三位不同的研究者独立创新开发了单开缝襟翼：德国飞行员 G. V. Lanchman（1917年）、英国 Frederick Handley Page 爵士和德国 Junkers 公司的一名工程师。其工作原理是迫使机翼下方的高压空气通过襟翼与机翼之间的间隙，延迟流动分离，同时气流仍附着于襟翼上，以提高升力。这项专利一开始遭到拒绝，理由是这样的装置会破坏机翼的升力。但在哥廷根大学的普朗特进行风洞试验后，发现升力增加了63%，因此 Lanchman 获得了专利，并与 Page 分享了专利权利。经过两年的风洞试验，单开缝襟翼的可行性是毋庸置疑的。

与此同时，美国研发出了分裂式襟翼，同时也增加了升力和阻力。在降落过程中，阻力增加是有利的，可以降低升阻比，缩短降落距离。虽然这种缝翼不能明显增加升力，但却是美国设计的飞机上使用的第一种缝翼。1924年，工程师 Harlan D. Fowler 与陆军航空队共同研发出富勒襟翼（图1-1）。富勒襟翼具有两种效应：襟翼的偏转能够增加机翼的有效弧度，以增加升力。此外，展开的襟翼还可以通过增加机翼面积来增加升力。直到1932年，美国国家航空咨询委员会（the National Advisory Committee for Aeronautics，NACA）对这种襟翼进行了测试，证明了其价值。随后对富勒襟翼进行了一些改造，研发出双开缝富勒襟翼。单开缝襟翼在工业上很少使用；但双开缝或多开缝富勒襟翼仍在现代飞机上使用。例如，波音公司在20世纪60年代就研发出用于727喷气运输机的三开缝富勒襟翼。随后进一步的研究发展了前缘缝翼，同时高升力系统进入了前缘高升力装置时代。

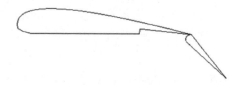

图1-1 富勒襟翼

1.3 前缘装置

前缘装置是一个小的大弯度翼型，安装在翼型前缘，通常称为缝翼。该装置增加了机翼的弯度，略微缩短了弦长；缝翼与机翼之间有一个小间隙，这改变了翼型上表面的压力分布，从而在机翼主体的上表面产生更高的压力。最常见的前缘装置包括固定翼缝、活动缝翼、前缘襟翼和翼套[5]，其中包括刚性克鲁格襟翼和可变弯度克鲁格襟翼，这些装置如今全部用于喷气运输机[6]。

前缘设计的目的是使机翼达到起降构型的大攻角，方法是沿展向提供足够的弦向缝翼，并确定合适的缝翼位置[6]。

为了控制飞机的起降构型，NACA（现在的 NASA）自 1932 年以来一直在进行各种试验。为此，在机翼前缘安装固定翼缝是提高机翼升力载荷的第一种方法[7]。这样，即使飞机的飞行速度下降，升力也可以维持不变。翼缝的主要问题是安装位置是固定的。但活动缝翼与翼缝的作用相同；缝翼可以移动，因此可根据实际情况（降落、起飞或巡航）改变机翼的攻角。此外，将缝翼本身与机翼分开，允许气流通过，从而延迟流动分离。

前缘襟翼和后缘襟翼增加了机翼的弧度，从而使升阻比发生剧烈变化。前缘翼套的作用与襟翼相同，但翼套固定在机翼上。固定装置的优点主要体现在结构上。然而，事实证明，可移动装置具有更好的气动效应。因此，小型飞机的载重量不一定很大，也不需要大幅度调整其升阻比，往往倾向于使用固定装置。另外，为有效地适应起降过程，大型商用飞机通常使用可移动装置[5]。

各种研究[2,8]表明，前缘装置和后缘装置同时使用时，效果最好，这通常称为"构型"或"多段翼型"，两种装置都得到充分利用。

1.4 高升力系统的物理特性和数值模拟

为理解物理现象，必须清楚知道机翼上方发生的复杂流动。特别是对于高升力系统和多段翼型而言，这种流动混合了亚声速流动和超声速流动。1975 年，Smith[2] 发表了一篇关于空气动力学讲座的纲要，在纲要中他解释了高升力系统的空气动力学原理，并对多段翼型设计的基本原理提出了清晰的见解[2]。Smith 的研究工作是下一代高升力系统的研究基础，其重要性在于解释了以下原理：当压力分布分段后，抑制了不同翼段之间的流动分离，从而增加了升力。要了解这一基本现象，就需要考虑一个更复杂的问题，即黏性效应。

高升力系统对流动的影响如图 1-2 和图 1-3 所示。图中所示的多段翼型由主翼型、克鲁格襟翼前缘和后缘襟翼组成。这是 NASA 设计的通用研究模型的构型[6]。流线显示气流附着于翼型和两个装置（即襟翼和缝翼）上。

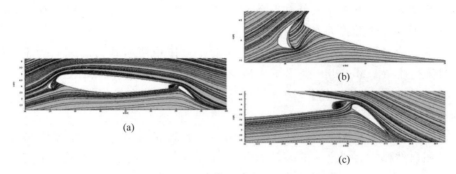

图1-2 （a）攻角为8°时NASA高升力通用研究模型机翼剖面上的流线，（b）为放大后的缝翼；（c）为放大后的襟翼

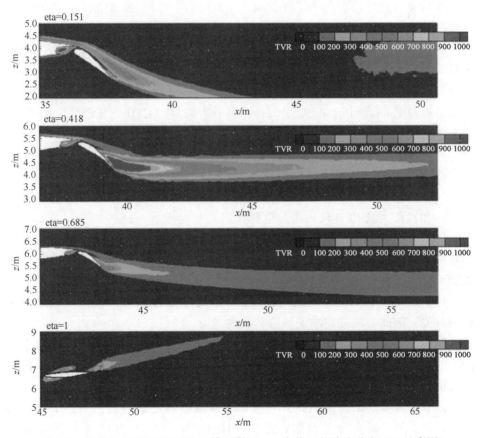

图1-3 攻角为8°时NASA CRM模型翼展上4个位置的湍流黏度比（见彩图）

图 1-3 给出了尾流在翼展上不同位置（15%、41%、68%和靠近翼尖约100%）的发展情况，以及后缘襟翼延迟流动分离的影响情况。当尾流较大且呈湍流状态时，可在翼根处观察到翼型尾流与襟翼边界层之间可能存在相互作用。另外，靠近翼尖方向的尾流更短。

翼的边界层与另一个翼的尾流之间的相互作用使高升力系统上的流动由黏性效应主导，Meredith 列出了多段翼型中存在的一些黏性现象[9]。边界层转捩、黏性尾流相互作用、边界层相互作用和流动分离等仍然是 CFD 模拟与航空航天工业面临的挑战。

在美国航空航天学会组织的高升力系统系列研讨会之前，加拿大举办了第一届自然科学会议之一的高升力空气动力学大会。会上 CFD 展示了其通过求解 Navier-Stokes 方程精确捕捉流动物理特性的潜力。"高升力预测系列研讨会"的目标与之相似，都是为了通过数值计算深入了解运输机在高升力阶段的物理特性。此外，也是为了评估目前 CFD 预测气动性能的能力，并建立数值模拟的基础知识。

高效高升力系统的设计能力在过去的 10 年里不断提高，主要原因是使用了计算工具，对流动有了更好的了解。但目前还存在许多复杂的飞机气动特性问题，需进一步提高 CFD 模拟水平。

通过对 Rumsey 和 Ying 提出的计算高升力构型的 CFD 方法进行全面研究，确立了 CFD 目前必须面对的挑战[10]：

(1) 采用三维 CFD 方法确定准确预测最大升力附近流场的需求。为此，需要改进 CFD 方法，如自适应网格技术和高质量的三维高升力数据集。

(2) CFD 验证对更多实验数据有越来越强烈的需求。这对于准确确定边界条件和验证大量 CFD 代码尤为重要。

(3) 研究采用 RANS 方法预测缝翼—尾流偏差的原因。这可能与转捩影响建模不当、缺乏非定常效应、忽略三维效应，以及湍流模型无法捕捉到相关流动物理特性有关。

(4) 提高湍流剪切应力预测精度，依赖于所采用的湍流模型。这与转捩影响有关，因此必须提高准确预测转捩的能力。

航空航天工程界已做出努力推进解决上述问题的决定。虽然高升力系统固有的复杂性仍然存在，并给 CFD 计算增加了很多的不确定性，但 CFD 仍然可以很好地预测表面压力分布和表面摩擦系数等全局变量。

最近，为了总结在预测高升力流动方面取得的最新进展，举办了一次国际研讨会。第一届高升力预测研讨会（HiLiftPW-1）于 2010 年在芝加哥举行，重点讨论了 NASA 的三段梯形翼构型[11]。第一届研讨会的主要结论之一

第 1 章　高升力系统空气动力学应用概述

是 CFD 方法低估了升力、阻力和俯仰力矩的大小[12]。第二届高升力预测研讨会（HiLiftPW-2）于 2013 年在圣迭戈举行，该研讨会以 DLR-F11 三段翼身组合体模型为基本几何外形。与 NASA 的梯形翼相比，这种模型更能代表运输机构型，并且在低雷诺数和高雷诺数下都有可用的实验数据。雷诺数影响是这次研讨会的重点。通过 CFD 预测详细研究了低雷诺数和高雷诺数的差异[13]。第一届高升力预测研讨会预测结果与第二届研讨会相似，缺乏一致性，但已经尽力量化和排除可能发生的原因，如将验证案例和迭代收敛信息作为未来研讨会的先决条件。2017 年，在丹佛举行的第三届高升力预测研讨会（HiLiftPW-3）提出了两种几何构型，即 NASA 高升力通用研究模型和日本宇宙航空研究开发机构标准模型。其主要结论如下：预测最大升力附近的流动仍然具有挑战性；一些参与者的计算程序或湍流模型取得了更好的一致性，但对其原因及机理尚无明确的解释；流动分离时需要更精细的网格。

参 考 文 献

[1] Advisory Group for Aerospace Researchand Development：High Lift Systems Aerodynamics. In：AGARD Conference Proceedings 515. Neuilly Sur Seine（1992）

[2] Smith, A. M. O.：High-Lift aerodynamics. J. Aircr. **12**, 501-530（1975）

[3] Anderson, L. D.：Aircraft Performance and Design, p. 21. TATA McGrawHill（2010）

[4] Rudolph, Peter K. C.：High lift systems on commercial subsonic airlines. In：NASA Contractor Report 4746. Seatle（1996）

[5] Federal Aviation Administration, Chapter 6：Floght Controls, in Pilot's Handbook of Aeronautical Knowledge, pp. 6-1-6-12. Washington D. C.（2016）

[6] Lacy, D., Sclafani, A.：Development of the high lift common research model（HL-CRM）：a representative high lift configuration for transonic transport. In：AIAA SciTech Forum, 54th AIAA Aerospace Sciences Meeting, San Diego（2016）

[7] Weich, F. E.：Preliminary Investigation of Modifications to Conventional Airplanes to give Nonstalling and short-landing Characteristics. National Advisory Committee for Aeronautics, Washington D. C.（1932）

[8] Tinoco, E. N., Ball, D. N., Rice, F. A.：PAN AIR analysis of a transport high-lift configuration. J. Aircr. **24**, 181-187（1987）

[9] Meredith, P. T.: Viscous phenomena affecting high lift systems. In: Proceedings of the High Lift Systems and Suggestions for Further CFD Development, pp. 19.1–19-8. AGARD (1992)

[10] Rumsey, C. L., Ying, S. X.: Prediction of high lift: review of present CFD capability. Prog. Aerosp. Sci. **38**, 145–180 (2002)

[11] Slotnik, J. P., Hammon, J. A., Chaffin, M.: In Overview of the First AIAA CFD High Lift Prediction Workshop (Invited), AIAA paper 2011–862 (2011)

[12] Rumsey, C. L., Slotnik, J., Long, M., Stuever, R. A., Wayman, T. R.: Summary of the first AIAA CFD high lift prediction workshop. J. Aircr. **48**, 2068–2079 (2011)

[13] Rumsey, C. L., Slotnik, J. P.: In Overview of the Second AIAA High Lift Prediction Workshop (Invited), AIAA paper (2013)

[14] HiLiftPW Committee: Summary next steps and discussion. In: Third High Lift Prediction Workshop, AIAA (2017) (cited 24 July 2017). https://hiliftpw.larc.nasa.gov/

第 2 章　高升力机翼构型的网格生成

Nirajan Adhikari 和 D. Stephen Nichols

摘　要：本章对第三届 AIAA CFD 高升力预测研讨会提出的关于构建代表高升力机翼构型的非结构网格的现行准则进行了验证和讨论。具体来说，采用 Pointwise 网格软件生成关于 NASA 高升力通用研究模型和日本宇宙航空研究开发机构标准模型（无论有无安装短舱和挂架）的通用多段非结构网格。本章对指导方针进行了一些改进，以提高网格质量。此外，还详细介绍了控制网格生成过程的 Pointwise 范围内的用户定义参数。

2.1　前　言

高质量的网格生成对于精确模拟至关重要。随着几何外形及产生的流场结构越来越复杂，建立一个能使流动求解器准确捕捉流动物理特性的网格变得越来越具有挑战性。几何外形及流场结构的复杂性导致高升力构型难以检验。延伸的缝翼和襟翼及其各自的嵌入式机翼凹部需要精细化生成网格，以捕捉这些区域产生的复杂流动。机翼—机身、挂架—机翼和短舱—挂架的连接处会产生强烈的马蹄涡[3]，也是强涡系统引起边界层不稳定的常见位置。机翼的钝后缘及其自然精细的网格间距要求所有附着曲面具有最好的密度，以保持高网格质量和精确的解[11]。每个实例都验证了现代计算流体动力学中网格生成与流动求解器的强耦合效应。

网格生成是 CFD 研究中一个具有挑战性且耗时耗力的过程，在很大程度上影响了研究的整体成功。首先，建立一个代表真实几何结构的计算机辅助设计（Computer-Aided Design，CAD）模型，然后在网格生成过程中进一步完善 CAD 模型，以建立一套有效的体网格。假设可以采用可靠且高效的 CFD 算法，生成高质量的网格就可以得到精确的解。CFD 的所有领域都有通用的指导原则，通常满足最低要求，以得到一定程度的精确解。本章验证了第三届 AIAA CFD 高升力预测研讨会提出的网格生成准则在 NASA 高升力通用研究模型（HL-CRM）和日本宇宙航空研究开发机构标准模型网格构建中的应用情况。尽管存在其他网格生成软件包，但本章主要使用 Pointwise[10] 网格生成软件来构建高升力机翼构型网格。注意，以下章节中讨论的策略通常也适用于其他网格生成软件包。本章将讨论 CAD 模型曲面的制备、网格生成准则的应用、曲面和体网格的生成，以及有用 Pointwise 参数的确定。在网格构建过程中，为了提高网格质量，有必要对网格生成准则进行多次修改，并给出和论证这些修改结果。

2.2 CAD 模型

HiLiftPW-3 委员会以多种格式提供了 HL-CRM 和 JSM 的 CAD 模型[1]，并且 Pointwise[10] 网格生成软件支持所有 CAD 格式。但应该注意，CAD 模型可能非常复杂，根据 CAD 软件包和 CAD 模型生成方法，网格生成软件（如 Pointwise）可能无法使用特定的 CAD 文件。因此，拥有多种可供选择的格式是非常可取的，让用户更加灵活地为给定的软件包选择最佳的 CAD 文件。作者没有意识到关于 HiLiftPW-3 委员会提供的各种格式的问题，选择 IGS 格式仅仅是因为 CAD 文件在第一次尝试时就准确无误地导入 Pointwise。因此，Hi-LiftPW-3 委员会没有使用其他格式。要注意的是，尽管 IGS（也称为 IGES）格式仍然很流行，但 IGS 标准最后一次更新是在 1996 年，版本为 5.3[2]，并且现在已经不再积极开发。因此，与 STP（也称为 STEP）[7] 格式等现代标准相比，IGS 格式已经相当过时，而 STP 格式目前正在积极开发，以包含更多关于几何结构和模型的信息[4,9]。未来会尽可能使用较新的格式（如 STP 格式），并鼓励读者也使用较新的格式。

本章使用的模型包括与襟翼构件有部分间隙的 HL-CRM 模型（图 2-1）、未安装短舱/挂架（N/P）组件的 JSM 模型（图 2-2）以及安装 N/P 组件的 JSM 模型（图 2-3）。HL-CRM 模型未安装任何支架，而 JSM 模型在这两种构型中都安装有支架。此外，两种 JSM 构型的展开缝翼和襟翼是相同的。

CAD 模型包含大量有序的信息和缝合的曲面，使得这种高升力构型成为创建网格的复杂几何结构。为了生成体网格，模型必须严丝合缝，通常是将多个模型组装成一个模型。将模型和面组组件的公差设置为小于曲面网格相关的最小边长的值，以便在曲面相交的区域中正确定义网格曲面。组装好模型后，将各种面组曲面组合在一起，尽量减少与几何结构相关的面组总数，从而生成曲面网格。面组的组合方式应确保可以在具有类似曲面形貌的曲面之间生成一个网格曲面，如图 2-4 所示，将代表机身的不同面组组装起来，以创建一个面组曲面。

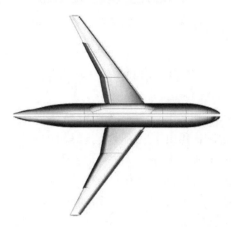

图 2-1　HL-CRM CAD 模型

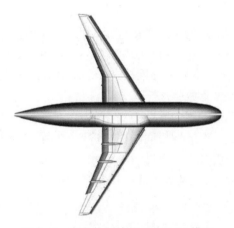

图 2-2　未安装短舱的 JSM CAD 模型

图 2-3　安装短舱的 JSM CAD 模型

图 2-4　HL-CRM 机身上的单一曲面

2.3　网格生成准则

HiLiftPW-3 委员会制定了一套基本的网格生成准则，试图保持研讨会参与者的一致性。准则中列出了一系列现行最佳方法，因此在网格生成过程中会严格遵循这些准则。网格分辨率分为粗、中、细网格密度等级，并给出了中密度网格的划分准则。对粗、细网格进行适当的缩放，使网格大小在不同网格级别之间增长大约三倍，以便进行网格收敛研究。网格划分准则如下：

（1）就所有网格级别而言，远场边界应距离飞机至少 100 倍参考弦长（C_{REF}）。

（2）机头和机尾附近的单元大小应至少为 1.0% C_{REF}。

（3）前缘（Leading Edge，LE）和后缘（Trailing Edge，TE）的弦向间隔应约为 0.1% 当地弦长（缝翼表面网格选择缝翼弦长、机翼表面网格选择机翼弦长和襟翼表面网格选择襟翼弦长）。

（4）翼根和翼尖处的展向间距为 0.1% 半翼展。

（5）垂直于对称平面的网格间距比黏性壁面间距要大得多。

HL-CRM 模型采用 275.8 英寸（1 英寸 = 2.54cm）的全尺寸平均气动弦（Mean Aerodynamic Chord，MAC）和 1156.75 英寸的半翼展机翼构建，而 JSM 模型采用 529.2mm 的平均气动弦（模型比例尺）和 2300.0mm 的半翼展机翼构建。

此外，还规定了黏性壁面间距和后缘点数。黏性壁面间距和黏性壁面间距增加率对边界层的正确分辨率起着重要作用，该分辨率主要用于计算任何曲面上的气动力。黏性壁面间距是根据与壁面的无量纲法向距离 Y^+ 值定义的，其定义为

$$Y^+ = \frac{u^* y}{v} \tag{2-1}$$

式中：u^* 为最近壁面处的摩擦速度；y 为到最近壁面的距离；v 为流体的局部运动黏性系数。用式（2-1）计算垂直于无滑移壁面边界的第一个网格单元（初始壁面间距）的高度。Y^+ 值可以确保在湍流边界层的黏性亚层区域中至少存在几个点。在网格收敛研究中，Y^+ 值表示网格分辨率水平。Y^+ 值依赖于摩

擦速度，而摩擦速度在流动数值求解前是未知的，因此需要采用迭代方法来获得所需的 Y^+ 值。为方便起见，Y^+ 值及对应的壁面间距由 HiLiftPW-3 委员会提供，作为网格划分准则的一部分。Y^+ 值、对应的初始壁面间距（Δy）及尾缘所需的点数如表 2-1 所示。有关网格划分准则的更多详细信息，可登录 HiLiftPW-3 网站查询[1]。为本书创建的网格符合提供的大多数准则。但为了创建高质量的网格，有些偏差是不可避免的。2.4.3 节详细介绍了网格划分准则的偏差。

表 2-1 各种情况下的 Y^+ 值及其相应的壁面间距

模 型	网格分辨率水平	Y^+ 值	Δy	后缘点数
HL-CRM	粗	1.0	0.00175 英寸	5
	中	2/3	0.00117 英寸	9
	细	4/9	0.00078 英寸	13
JAXA JSM	粗	1.0	0.00545mm	5
	中	2/3	0.00363mm	9
	细	4/9	0.00242mm	13

2.4 曲面网格生成

为了尽量减少网格曲面（Pointwise 中的域）的数量，可将多个面组组合到一个数据库中，然后在该数据库中创建网格曲面。但在最初的面组装配过程中，该曲面与其相邻的曲面具有重叠的边界，因此 NASA HL-CRM 模型机身中的其中一个面组（机身机翼接合整流带中的一个曲面）无法与其相邻面组相连（在图 2-5 中很明显）。其他研究人员[6]也提到了关于这种无效曲面的类似问题，他们对无效曲面中的网格尺寸进行了粗化处理，以避免网格生成带来的问题。或者，曲面配平通常需要修复这种重叠的边界，但在这种情况下，配平过程并无任何帮助。因此，需要在有缺陷的面组上创建一个单独的域，然后该域通过将连接器与相邻域合并来实现和其相邻域的结合。域与模型（面组）有关，且域上的单元尺寸大于重叠长度，因此组合域产生无间断的均匀单元。

从两个重叠的域中生成组合域的后续步骤如图 2-5~图 2-8 所示。域是在不同的数据库实体上创建的，因此域边界上有重叠的连接器，这些重叠的连接器合并成一个公共连接器，以产生严丝合缝的曲面。尽管 HiLiftPW-3[1] 网站上目前可用的 HL-CRM 模型的 CAD 文件已经更正，但这些说明已经包含在内，以验证修复重叠面组的过程，并构建一个有效的严丝合缝的几何结构。

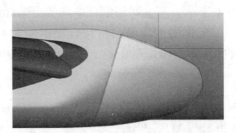

图 2-5　重叠面组

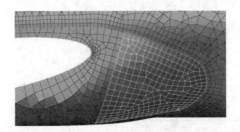

图 2-6　面域上由重叠面组形成的非匹配边缘

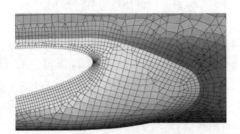

图 2-7　带匹配边缘的重构曲面

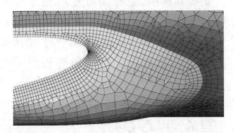

图 2-8　两个域合并成单域并在曲面上重新生成

第2章 高升力机翼构型的网格生成

后缘上需要有固定的点数,因此沿所有后缘创建结构网格并进行对角化,以便将其转换为非结构网格。此外,还在 HL-CRM 模型的翼尖、JSM 模型的短舱和支撑架的倒圆曲面等不同位置创建结构网格并进行对角化,以获得均匀的点间距,否则单独使用非结构网格很难实现。

为了解析前缘和后缘附近的高曲率几何图形,使用了大展弦比各向异性单元(Pointwise 中称为 T-Rex 单元),弦向间距按网格划分准则确定(0.1%局部设备弦长)。各单元的弦长随翼展的变化而变化,因此可根据最小弦长确定前缘和后缘的间距。另一种方法[5]是根据平均弦长确定前缘和后缘的间距。但当局部弦长小于平均值时,使用平均弦长会降低网格分辨率。因此,本节使用最小弦长。为了保持一致的网格间距,可在两个襟翼上使用外侧襟翼与内侧襟翼之间的最小弦长。此外,在不同的弦位置使用单一间距可以沿展向创建统一网格,并避免两个不同单元连接处的陡变。另外,在两个单独的襟翼之间使用相同的间距能够在创建体网格的同时,使襟翼缝道(全隙构型)中的网格尺寸均匀匹配(以获得更好的网格质量)。

在各向异性单元尺寸与局部、非结构化的各向同性单元尺寸相匹配前,前缘的弦向点间距以固定的增长率增加到指定的层数。翼面上非结构单元的最大允许间距为 1%MAC。使用 T-Rex 层求解的 JSM 模型机翼前缘和后缘附近的高曲率分辨率如图 2-9 所示。在整个网格生成过程中,当非结构化的各向同性单元本身无法将几何图形解析到理想的程度时,就使用大展弦比各向异性单元。

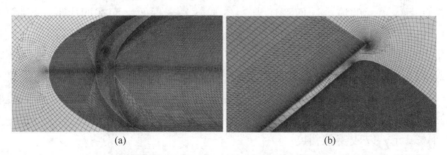

图 2-9 用于解析机翼前缘(a)和后缘(b)高曲率单元的大展弦比各向异性层

本次研究生成的曲面网格采用 "三角形和四边形" Pointwise 方法,创建包含三角形和四边形单元的四边形主导曲面。四边形曲面单元可在创建体网格的同时在部分黏性区域创建六面体元。六面体元通常是耗散最小的非结构元类型,因此在精度上要求最高[8]。此外,采用 "Advancing Front Ortho" 算法生成具有更好几何并行特征(如面板相贯体)的曲面网格,并利用 0.8 的

"边界衰减"参数来控制各曲面内部单元的增加。

2.4.1 远场与对称平面

在飞机机体上生成曲面网格后,根据规定的准则创建远场域,该准则要求远场距离飞机几何形状为 $100C_{REF}$。远场域是一个半球形,到飞机机体中心的距离是相等的。最后,所有研究模型均采用半跨模型,因此需要安装一个对称平面,以确保产生流体域的严丝合缝的边界。

2.4.2 网格质量

体网格生成是一个对计算要求很高的过程,可进行多次迭代来生成高质量的网格。因此,为了通过最少的迭代次数来创建高质量的体网格,有必要检查曲面网格的质量。对高质量的网格没有绝对的界定。但高质量的网格可以最少地计算成本和时间,产生精度最高的理想解。大多数情况下,偏斜度较小的网格满足网格质量标准,但可接受的偏斜度值依赖于求解器,并随求解器的不同而有所不同。决定网格质量的几个重要参数包括面积比、最小夹角、最大夹角和展弦比。

面积比是指相邻单元之间的面积比值。体网格的生成方法是在指定的距离插入一条曲面点法线,该距离以固定的增长率增加,因而相比于小面积的单元,面积越大,面积比增加越快,导致在大面积单元和小面积单元之间生成一个变形单元。受高度偏斜的曲面单元影响的两个区域如图 2-10 所示。在含有四面体单元的域中,面积比为 3~5 通常是合理的,而在四边形主导域中,面积比为 6~10,数值较大,是为了防止高度偏斜。但这并不能将面积比限制在推荐的范围内。例如,如图 2-11 所示,在 JSM 模型的机翼下缝翼翼面(Wing Under Slat Surface, WUSS)的配平曲面的各边角处,其面积比通常很高,约为 30。在这种情况下,在体网格的生成过程中,若曲面的各向异性单元法线生成了高度偏斜的元素,则各向异性层的增加局部停止,并布置一个四面体单元,以改善偏斜度。

最小夹角和最大夹角分别是指网格单元(二维或三维单元)中的最小夹角和最大夹角。为了防止高度偏斜,各域(曲面网格)的最大夹角通常保持在 150°。另外,可接受的最小夹角依赖于求解器,但大于 2°的值通常是理想值。然而,在尖角处获得更好的最小夹角是极其困难的。WUSS 的配平位置是指通常不符合该质量标准的区域(图 2-10)。若夹角非常小(低于或接近 1°),则可在某些位置拆分连接器,然后在边角处将拆分的连接器重新组合成一个单一连接器,以提高最小夹角。图 2-12 中可以明显看到利用这种技术对最小夹角做出的改进，图中边角处通过合并两个分离的连接线得到一条连接线。

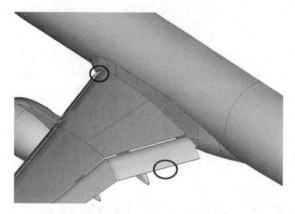

图 2-10　使用网格划分准则规定的间距时可能产生高度偏斜曲面单元的位置
（WUSS 和后缘的配平曲面）

图 2-11　图 2-10 中圈出的 WUSS 裁剪面位置的高面积比

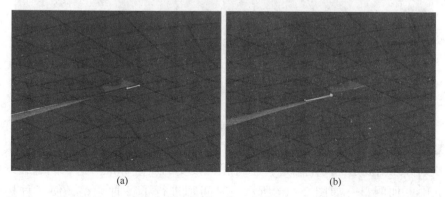

图 2-12　通过连接 WUSS 边角处连接器，使最小夹角从 1.6°（a）提高至 2.5°（b）

展弦比是另一个质量检查标准,是指四边形的平均长度与平均宽度之比,或三角形的长边与短边之比。展弦比直接影响相互连接的网格单元的偏斜度。展弦比为 50 的曲面单元通常会创建一个大内角约为 178°的体积单元,这往往会降低网格质量。但为了减轻体网格的偏斜度,可仔细匹配域上的边距(Pointwise 中的连接器),从而控制展弦比。例如,在 HL-CRM 模型的缝翼单元中,后缘上有 9 个点,因此平均点间距 ΔS 约为 0.012 英寸,而缝翼的跨距约为 1000 英寸。为了使展弦比低于 50,沿缝翼方向大约需要 1700 个点(约 1000/(50×0.012))。从计算的角度来看,这种要求可能有些限制。在这种情况下,可以接受高展弦比,并在体网格的生成过程中监测偏斜度。

2.4.3 偏离 HiLiftPW-3 网格划分准则

为了创建高质量的网格,可能会不可避免地偏离所提供的网格划分准则。该准则要求后缘上有固定数量的点(中网格有 9 个),并规定后缘上、下曲面的弦向单元的间距。在中 HL-CRM 网格中,机翼钝后缘上的间距 ΔS 约为 0.012 英寸。但翼尖的弦向间距为 0.1 英寸(100 英寸局部弦长的 0.1%)。在关键的几何特征(如后缘)中,两个相邻单元之间的这种较大的尺寸变化并不理想。为了减少沿后缘的面积变化,上曲面后缘的弦向间距设置为 0.018 英寸。网格划分准则规定的间距(图 2-13(a))与精确间距(图 2-13(b))的面积比如图 2-13 所示。精确的间距明显提高了面积比。这种方法适用于所有其他单元和构型的整个网格生成过程。

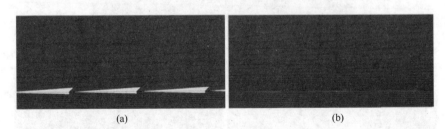

图 2-13 精确网格划分准则规定的间距,改善 HL-CRM 翼尖后缘的面积比

网格划分准则还根据单元的跨距规定了每个单元(机翼、缝翼和襟翼)在翼根和翼尖处的展向间距。HL-CRM 单元在翼根和翼尖处的面积比(根据网格划分准则规定的间距确定)不符合可接受的质量标准。这个问题在缝翼单元中更加明显,如图 2-14 所示。对间距进行了各种调整,使三种构型(HL-CRM、不带 JSM 短舱和带 JSM 短舱)的面积比均在可接受的范围内。每

个网格的间距变化并不一致。具体来说，每个单元的前后缘使用不同的间距，而且间距也因翼根和翼尖的不同而有所不同。例如，HL-CRM 模型中不同位置经调整后的展向间距如表 2-2 所示。

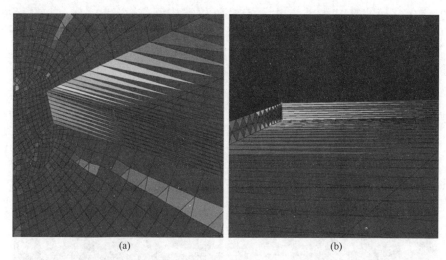

图 2-14 采用网格划分准则确定 HL-CRM 翼根（a）和缝翼（b）后缘的面积比

表 2-2 HL-CRM 模型中不同位置经调整后的展向间距

模 型	单 元	位 置	网格划分准则规定的间距/英寸	调整后的间距/英寸
HL-CRM 模型（中）	翼根	前缘	1.04	0.50
		后缘	1.04	0.20
	翼尖	前缘	1.04	0.05
		后缘	1.04	0.10
	缝翼	前缘	0.97	0.08
		后缘	0.97	0.03
	襟翼	前缘	0.70	0.08
		后缘	0.70	0.08

如图 2-15 所示，通过调整 HL-CRM 模型的展向间距来改善不同位置的面积比。研讨会的组织者[11]在针对研讨会参与者生成网格的过程中，对 HL-CRM 网格的弦向间距和展向间距进行了类似修改。

我们在 HL-CRM 模型的翼尖后缘上发现了另一个偏离网格划分准则的情况，即所需的点数为 9 个，但为了保持翼尖的曲率，总点数增加到 15 个。此外，为了更好地控制曲面网格，同时减少点数，在翼尖域上创建了一个结构网格并进行对角化。与完全非结构化的曲面网格相比，这种方法在翼尖沿弦长的径向方向上产生了均匀的网格增长，并减少了该域上的总点数。从图 2-16 中可以看到翼尖域上的点数有所减少，图中非结构化各向异性层（图 2-16（a））生成的节点数大于对角化结构网格（图 2-16（b））生成的节点数。还要注意上翼面靠近后缘的面积比差异。在上下翼面采用一种类似于翼尖和后缘适用技术的方法可以限制该区域的面积比问题，但会大幅增加机翼上的点数。

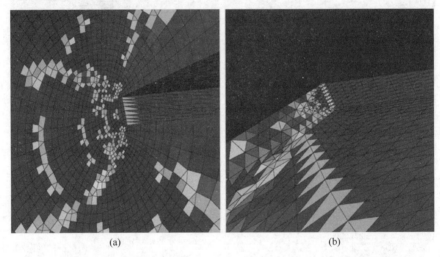

图 2-15 调整展向间距，在 HL-CRM 翼根（a）和缝翼（b）后缘获得更好面积比

图 2-16 HL-CRM 翼尖后缘，使用网格划分准则规定的 9 个点（a），并用 15 个点保持几何形状的曲率（b）

2.5　体网格生成

在确定作为计算域边界的曲面后，使用各向同性和各向异性单元填充体网格。体网格的生成方法是按规定的初始距离和固定增长率生成各向异性单元，然后用各向同性四面体单元填充流体域的剩余部分。

第 2 章　高升力机翼构型的网格生成

体网格单元的创建是在各向异性层（Pointwise T-Rex 层）内，以指定的距离（用表 2-1 中的 Y^+ 值表示）在壁面（飞机机体域）曲面的法向上创建一个点，网格间距在这个距离范围内以一个固定的增长率增加，直至网格层数达到最大。黏性层的增长率对于每种网格分辨率水平都是特定的。粗网格的增长率为 1.25，中网格的增长率为 1.16，细网格的增长率为 1.10。网格划分准则要求粗网格（GR_1）的增长率不超过 1.25，并适当缩放，以细化网格级别，其表达式为

$$增长率 = GR_1^{1/Fn} \tag{2-2}$$

式中：F 约等于 1.5；n 分别等于 1 和 2（中网格和细网格）。在创建的单元不符合指定的偏斜度标准的位置，T-Rex 层的增长局部停止，四面体单元会被取而代之。偏斜度根据单元的最大夹角确定，并将 T-Rex 层的最大夹角设置为 175°，以确保最大夹角大于 175°的 T-Rex 单元会阻止 T-Rex 层的增厚。

流体域的剩余部分用"边界衰减"参数为 0.8 的各向同性四面体单元填充，以控制远离飞机的各向同性单元的增长率。但为了捕捉缝翼、机翼和襟翼尾流与下游几何结构与流场之间的相互作用，HiLiftPW-3 委员会要求这些尾流具有更紧密的网格间距。因此，还可以通过确定四面体单元的尺寸设置为固定值的区域，从而控制机翼周围各向同性单元的尺寸。该区域由 Pointwise "源"特征定义，在区域周围形成一个开放的准边界，并且只控制该边界内的网格大小。图 2-17 所示为 JSM 机翼和短舱周围的一个预定义区域，该区域内的四面体间距为 8mm。通过控制该区域内的单元尺寸，可以更好地分辨机翼附近的流动特征。图 2-18 所示为一个通用的多元网格，该网格是针对 JSM 模型（安装短舱/挂架）构建的，具有 4 种不同的单元类型：蓝色是六面体，绿色是棱柱体，黄色是角锥体，红色是四面体。在均匀填充的四面体区域内，"源"特征的影响很明显。本节提出的不同模型构型的总节点数

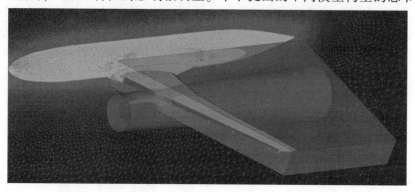

图 2-17　更好控制各向同性单元尺寸的 Pointwise "源"特征

和总单元数如表 2-3 所示。

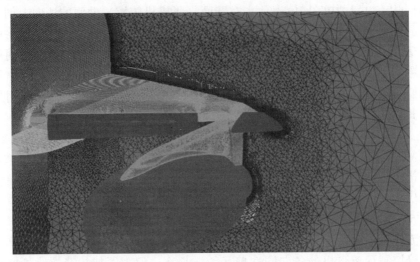

图 2-18　包含六面体、棱柱体、角锥体和四面体单元的多元 JSM 网格（见彩图）

表 2-3　不同模型构型的总节点数和总单元数

模型	网格级别	节点	六面体	棱柱体	角锥体	四面体
HL-CRM	粗	13758812	9579038	1706194	2657235	13354087
	中	42422679	32293629	5304366	5698791	30733420
	细	117586322	96656886	9201914	10380628	72395548
JSM（关）	中	43989123	33600484	3959730	5959730	35667103
JSM（开）	中	54097064	42367255	4735191	7581223	37495618

本次研究创建的整体网格质量相当高。为了使最大夹角小于 178°，对网格进行多次迭代。由于最大夹角一旦达到 180°，单元就呈扁平状且无体积，所以最大夹角非常重要。因此，减小最大夹角有助于提高网格质量。就所有网格级别（中、粗、细网格）而言，本节提出的 HL-CRM 网格的最大夹角低于 177°。中 HL-CRM 网格在不同翼展位置的网格分辨率如图 2-19~图 2-26 所示。

图 2-19　$Y = 174.5$ 英寸时的 HL-CRM 网格

第 2 章 高升力机翼构型的网格生成

图 2-20 $Y=277.5$ 英寸时的 HL-CRM 网格

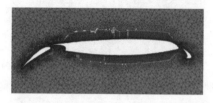

图 2-21 $Y=380.5$ 英寸时的 HL-CRM 网格

图 2-22 $Y=483.5$ 英寸时的 HL-CRM 网格

图 2-23 $Y=638$ 英寸时的 HL-CRM 网格

图 2-24 $Y=792.5$ 英寸时的 HL-CRM 网格

图 2-25 $Y=947$ 英寸时的 HL-CRM 网格

图 2-26 $Y=1050$ 英寸时的 HL-CRM 网格

然而，事实证明 JSM 构型更加困难。在多次迭代后，JSM 构型中仍存在一些高度偏斜元素；未安装短舱/挂架的 JSM 构型中有 17 个单元，安装短舱/挂架的 JSM 构型中有 23 个单元，其最大夹角均大于 178°。偏斜元素要么位于 WUSS 区域的边角处，要么靠近缝翼、机翼和襟翼的锐边。当务之急是开发一个网格平滑软件，作为一个独立的软件包或一个可有效减小最大夹角的工具/插件。

2.6 结 束 语

总而言之，网格生成是一项具有挑战性的工作。无论选择哪种流动求解器，如果没有高质量的网格，就不可能得到高质量的解。高升力机翼构型复杂的几何结构和流场，导致网格生成更加困难。根据 HiLiftPW-3 委员会指定的现行"最佳方法"指南，Pointwise 网格生成软件成功地为 HL-CRM 模型和 JSM 模型构建了高质量的网格。虽然本章主要涉及 Pointwise，但本章使用的策略也可以应用于其他网格生成软件包。

虽然这些年已经做了很多改进，但网格生成仍然是一个烦琐的实践过程。特别是在锐边周围、WUSS 区域，以及机身—机翼、机翼—挂架和挂架—短舱连接处，很难控制最大夹角和最小夹角。自动控制最大夹角和最小夹角的工具应该是网格生成软件包中的标准方法。我们花了大量的时间和精力反复调整参数与构建网格，结果却发现另一个不完善的元素。只要遵循正确的网格划分准则，则控制复杂几何体（如高升力构型）周围这些极位夹角的自动化过程就可以减少网格生成所需的时间，同时提供更高质量的网格。

致谢。作者要感谢 HiLiftPW-3 委员会公开提供这些几何图形，并感谢 Pointwise 的 Carolyn Woeber 在最初的网格构建过程中提供的建议。

参 考 文 献

[1] 3rd AIAA CFD High Lift Prediction Workshop. https://hiliftpw.larc.nasa.gov

[2] ANSI, USPro：Initial Graphics Exchange Specification IGES 5.3. Technical Report Formerly ANS US PRO/IPO-100-1996, Trident Research Center, Suite 204, 5300 International Blvd, N. Charleston, SC 29418 (1996)

[3] Baker, C.：The laminar horseshoe vortex. J. Fluid Mech. 95, 347-367 (1979)

[4] Brown, C.：STEP files versus IGES files. https://www.cadlinecommunity.co.uk/hc/en-us/articles/115000846485-STEP-Files-vs-IGES-Files

[5] Chan, W.M.：Best practices on overset structured mesh generation for the high-lift crm geometry. In：55th AIAA Aerospace Sciences Meeting, AIAA Paper 2017-0362. Grapevine, Texas (2017)

[6] Dey, S., Aubry, R., Karamete, B.K., Mestreau, E.L., Dean, J.L.：Mesh generation for high-lift aircraft geometry configurations. In：55th AIAA Aerospace Sciences Meeting, AIAA Paper 2017-0364. Grapevine, Texas (2017)

[7] ISO：Industrial automation systems and integration—Product data representation and exchange—Part 242：application protocol：managed model-based 3D engineering. Technical Report No. ISO 10303-242：2014 (E), ISO (2014)

[8] Karman, S., Wooden, P.：CFD modeling of F-35 using hybrid unstructured meshes. In：19th AIAA Computational Fluid Dynamics, AIAA Paper 2009-3662, 22-25 June 2009. San Antonio, Texas (2009)

[9] Lopategui, E.：It's time to get over IGES. http://blog.grabcad.com/blog/2014/10/14/get-over-iges/

[10] Pointwise：Version 18.0 R1. http://www.pointwise.com

[11] Woeber, C.D., Gantt, E.J.S., Wyman, N.J.：Mesh generation for the nasa high lift common research model (hl-crm). In：55th AIAA Aerospace Sciences Meeting, AIAA Paper 2017-0363. Grapevine, Texas (2017)

第 3 章　高升力机翼构型的不可压缩解

Nirajan Adhikari 和 D. Stephen Nichols

摘　要：利用计算流体动力学的方法来准确预测高升力机翼构型的性能是学术界和工业界研究的一个活跃领域。这些研究通常采用可压缩的 Navier-Stokes 方程来预测高升力机翼构型所产生的复杂流场。这些构型用于马赫数为小于 0.2 的低速条件，在这些低速条件下，由于空气的准不可压缩性质，可压缩方程可能表现出一定的数值刚度。本章提出使用不可压缩的 Navier-Stokes 方程来预测这些流场，而不是使用预先设定的可压缩方程来缓解这些数值问题。具体来说，在多种攻角下，对日本宇宙航空研究开发机构标准模型构型（无论有无安装短舱和挂架）的不可压缩解进行实验对比，以验证该方法的有效性。

3.1　前　　言

本研究的目的是探索现代计算流体动力学技术在预测典型高升力机翼构型周围流动方面的能力。空气是一种高度可压缩的流体，因此这些研究通常采用可压缩的 Navier-Stokes 方程。但高升力构型用于低马赫数条件，当马赫数小于 0.2 时，可压缩方程在求解过程[4]中表现得越来越困难。虽然存在各种观点，但普遍认为马赫数小于 0.3 的流动在大多数情况下是不可压缩的[2]。可压缩控制方程与密度密切相关，因此当密度相对恒定时，低速流动的模拟会受到密度变化的不利影响。对于马赫数小于 0.1 的流动而言，这种情况是公认存在的[19]，当马赫数为 0.2 时，可以识别出剩余的数值刚度，此时预计密度变化很小，但可能存在更大的密度变化[14]。在几种预处理方法[4,7,22]中，可采用可压缩方程来解决这些问题，并且每种方法的成功取决于具体情况[8]。

高升力构型的几何复杂性及产生的流场复杂性，导致该构型特别难以检查。延伸的缝翼和襟翼及其各自的嵌入式机翼凹部，以及发动机短舱和挂架都需要仔细生成网格，以捕捉这些区域产生的复杂流动。几何形状的锐边及

第3章 高升力机翼构型的不可压缩解

几何形状遮挡的凹区通常会产生强烈的湍流响应，这些湍流响应最终通过流动传递，并对下游流场影响较大。当控制体中输送的质量超过可替换的质量时，密度和压力会随之下降，因此这些湍流特征往往夸大了低速流[14]的可压缩方程的数值刚度。此外，驻点的质量汇聚速度更快，因此驻点处的密度和压力增大，随后驻点逐渐离开这些位置。所以，驻点可同时提高密度和压力。对于准不可压缩的流动来说，这些情况显然是有问题的，可能导致涡心或驻点处的压力达不到预期的极端值。此外，动量、内能和总能量也会影响这些密度变化。在上述情况下，标准可压缩方程的常见补救措施包括降低 CFL 值并增加这些区域的网格点密度，这些补救措施通常对马赫数大于 0.1 的现代流动求解器很有效。采用更成功的预处理方法对密度和压力进行调节，以维持低速时的熵，并在极低的马赫数条件下运行良好[8]。但避免与这些密度相关的数值问题的逻辑方法是使用不可压缩的 Navier-Stokes 方程进行低速模拟。

本章验证了当马赫数为 0.174 时，使用完全不可压缩的流动求解器来预测高升力构型周围流场的好处。这种方法消除了计算中所有不必要的密度变化，从而稳定了动量、压力和湍流预测，该方法通常使用 CFL 值比标准方程和预处理可压缩方程所允许的值大几倍。此外，与可压缩求解器不同的是，不可压缩方程通常要求对复杂几何形状周围进行最低限制，从而得到更精确的流场和力预测结果。本章提出了日本宇宙航空研究开发机构标准模型构型（无论有无安装短舱和挂架）在多个攻角下的不可压缩解。由于 JSM 模型可以获得高质量的曲面数据，本书选择了这两种模型。

3.2 数 值 方 法

Tenasi 非结构流动求解器是一种以节点为中心的有限体积隐式算法，适用于一般多元非结构网格进行并行计算。流动变量存储在顶点，而曲面积分则按围绕每个顶点周围的中值计算。由中位数对偶形成的非重叠控制体将域完全覆盖，并形成与单元网格成两倍的网格。因此，原网格的各边与控制体的各面存在一对一的映射。无黏通量采用 Roe Approximate Riemann 法或 HLLC 法进行计算，而黏性通量则采用方向导数法进行计算。利用重构中估计的梯度值来外插变量，并通过加权最小二乘法实现无黏通量的高阶精度格式。采用 Gram-Schmidt 正交法对最小二乘解进行权值预计算。Tenasi 提供了 5 种一般流型的方程组：不可压缩[21]、不可压缩曲面捕捉[13]、可压缩、任意马赫数[18]和可压缩多组分方程[6]。

采用笛卡儿坐标和守恒形式表示的不可压缩流型，计算式为

$$\frac{\partial}{\partial t}\int_{\Omega} Q \mathrm{d}V + \int_{\partial\Omega} \boldsymbol{F} \cdot \hat{\boldsymbol{n}} \mathrm{d}A = \int_{\partial\Omega} \boldsymbol{F}_v \cdot \hat{\boldsymbol{n}} \mathrm{d}A \qquad (3\text{-}1)$$

式中：$\hat{\boldsymbol{n}}$ 为垂直于控制体 V 的外向单位。因变量矢量、无黏和黏性通量矢量的分量计算式为

$$Q = \begin{bmatrix} P \\ u \\ v \\ w \end{bmatrix} \quad \boldsymbol{F} \cdot \hat{\boldsymbol{n}} = \begin{bmatrix} \beta(\Theta - a_t) \\ u\Theta + \hat{n}_x P \\ v\Theta + \hat{n}_y P \\ w\Theta + \hat{n}_z P \end{bmatrix} \quad \boldsymbol{F}_v \cdot \hat{\boldsymbol{n}} = \begin{bmatrix} 0 \\ \hat{n}_x \tau_{xx} + \hat{n}_y \tau_{xy} + \hat{n}_z \tau_{xz} \\ \hat{n}_x \tau_{yx} + \hat{n}_y \tau_{yy} + \hat{n}_z \tau_{yz} \\ \hat{n}_x \tau_{zx} + \hat{n}_y \tau_{zy} + \hat{n}_z \tau_{zz} \end{bmatrix} \qquad (3\text{-}2)$$

式中：β 为虚拟压缩参数；u、v 和 w 为 x、y 和 z 方向上的笛卡儿速度分量；$\hat{n}_x$、$\hat{n}_y$ 和 $\hat{n}_z$ 为归一化控制体积面矢量的分量；Θ 是垂直于控制体积面的速度，其定义如下：

$$\Theta = \hat{n}_x u + \hat{n}_y v + \hat{n}_z w + a_t \qquad (3\text{-}3)$$

式中：网格速度 $a_t = -(V_x \hat{n}_x + V_y \hat{n}_y + V_z \hat{n}_z)$；控制体积面速度 $\boldsymbol{V}_s = V_x \hat{i} + V_y \hat{j} + V_z \hat{k}$。剪切应力项定义如下：

$$\tau_{ij} = \frac{(v + v_t)}{Re_L} \left(\frac{\partial u_i}{\partial x_j} + \frac{\partial u_j}{\partial x_i} \right) \qquad (3\text{-}4)$$

上述方程中的变量按特征长度尺度（L_r）、速度（U_r）、密度（ρ_r）和黏度（μ_r）的参考值进行归一化处理。因此，雷诺数定义为 $Re_L = \rho_r U_r L_r / \mu_r$。归一化后的压力为 $P = (P^* - P_\infty) / \rho_r U_r^2$，其中 P^* 是局部尺寸静压。

流动求解器中可用的湍流模型包括单方程 Spalart-Allmaras 模型[17]、改进后的单方程 Menter 尺度自适应法（Scale-Adaptive Scheme, SAS）模型[11,15]、双方程 q-ω 模型[5]、双方程 k-$k\omega$ 混合模型（基线和 SST 变体）[15,20]、双方程 k-ϵ 模型[10]、双方程 Wilcox k-ω 模型[23]、改进后的 Wilcox 应力-ω 模型[15]以及各种改进后的 Launder-Shima 雷诺应力模型[9]。将模型与平均流进行松耦合，即用湍流模型确定的涡流黏度计算平均流，然后用新的平均流值计算湍流量。除湍流平流项，湍流模型的求解方法与平均流相同；平均流无黏项采用 Roe 法或 HLLC 法进行计算，而湍流模型的平流项仅根据速度矢量的方向而采用简单迎风格式。此外，为了提高湍流模型的数值稳定性，只有当源项能加强主对角线时，才能包含在雅可比矩阵中。

在最初的研究中，JSM 网格上的 SST 模型和 Wilcox k-ω 湍流模型表现出不一致且不稳定的特性。以往用单方程 SAS 模型[15]进行的研究表明，该模型

对网格拓扑和网格细化相对不敏感。最近用单方程 Spalart-Allmaras（SA）湍流模型进行的研究[12]进一步支持了此结论。这些结论共同表明，对网格拓扑和网格细化的不敏感可能是单方程湍流模型的特征。出于这些原因，本书将采用精确度高且对网格拓扑不敏感的单方程 SAS 模型[15]。本书[15]中经改进后的单方程 SAS 模型如下：

$$\frac{\partial}{\partial t}\int_{\Omega}\tilde{v}_t \mathrm{d}V + \int_{\partial\Omega}\tilde{v}_t \Theta \mathrm{d}A = \frac{1}{Re}\int_{\partial\Omega}\left(v+\frac{\tilde{v}_t}{\sigma_m}\right)\overrightarrow{\nabla \tilde{v}_t}\cdot\hat{n}\mathrm{d}A + V[P-D+C] \quad (3-5)$$

式中

$$P = c_1 d_1 S \tilde{v}_t, \quad D = \frac{c_2 \tilde{v}_t^2}{l_t^2 Re_L}, \quad C = (\nabla\cdot\vec{u})\tilde{v}_t \quad (3-6)$$

$$S = \left(2S_{ij}S_{ij}-\frac{2}{3}(\nabla\cdot\vec{u})^2\right)^{1/2}, \quad S_{ij}=\frac{1}{2}\left(\frac{\partial u_i}{\partial x_j}+\frac{\partial u_j}{\partial x_i}\right), \quad d_1 = 1.0+0.4\frac{v_t}{\tilde{v}_t} \quad (3-7)$$

$$l_t = \min(l_1, d_v), \quad l_t = \max(l_2, C_{SAS}\Delta_{\min}), \quad l_2^2 = \frac{S^2}{\nabla S\cdot\nabla S} \quad (3-8)$$

式中：$c_1 = 0.144$；$c_2 = 1.86$；$\sigma_m = 1.0$；d_v 是到最近黏性曲面的距离；$C_{SAS} = 0.6$ 和 $\Delta_{\min}$ 是节点到节点的局部最小距离。本书使用的边界条件在黏性曲面上 $\tilde{v}_t = 0.0$，远场边界 $\tilde{v}_t = 1.3$。涡流黏度的计算公式为

$$\mu_t = \rho v_t = d_2 \rho \tilde{v}_t \quad (3-9)$$

$$d_2 = 1.0 - \exp[-0.2(b_1 x + b_2 x^3 + b_3 x^5)] \quad (3-10)$$

$$x = \frac{\tilde{v}_t}{v}, \quad b_1 = 0.001, \quad b_2 = 0.005, \quad b_3 = 0.0055 \quad (3-11)$$

3.3 网格生成

由第三届美国航空航天学会 CFD 高升力预测研讨会委员会提供两种 JSM 模型的计算机辅助设计文件[1]。本书使用两种构型的 JSM 模型如图 3-1 和图 3-2 所示。这两种模型的唯一区别是有无发动机短舱和挂架，如图 3-2 所示。因此，两种模型的缝翼和襟翼展开情况是相同的。

根据 HiLiftPW-3 委员会规定的"中网格"准则，利用 Pointwise[16] 网格生成软件构建了适用于本书的三维混合元 JSM 网格。确定上下翼面的网格生成准则，使其与钝后缘的网格间距更加匹配，从而提高这些区域的网格质量。根据网格生成准则，两种网格的黏性间距均为 0.00363mm，使 $y^+ \approx 2/3$，远场边界距机身 100 弦长。JSM 构型的节点和单元总数如表 3-1 所示。

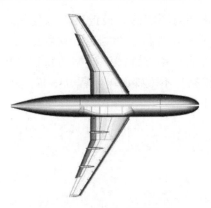

图 3-1 无短舱/挂架构型

图 3-2 带短舱/挂架构型

图 3-2 带短舱/挂架构型

表 3-1 JSM 构型的节点和单元总数

模 型	网格级别	节点	六面体	棱柱体	角锥体	四面体
JSM 关	中	43989123	33600484	3959730	5959730	35667103
JSM 开	中	54097064	42367255	4735191	7581223	37495618

3.4 求解过程

稳态不可压缩解计算 Courant-Friedrichs-Lewy 数 CFL=10，采用 Roe Approximate Riemann 无黏通量和近似雅可比行列式计算。以下条件适用：参考长度 L_r=0.5292m，参考温度 T_r=306.55K，参考密度 ρ_r=1.1328kg/m³，参考速度 U_r=60.37m/s，参考动态黏度 μ=1.8752×10^{-5}kg/(m·s)。飞机表面适用无滑移、绝热的壁面边界条件，并采用 CVBC 方法在远场边界设置自由流条件[21]。根据HiLiftPW-3委员会的指示,所有模拟均采用半翼展模型。因此,对称边界条件适用于机身中心线的对称平面。

为了进行并行计算,两套网格划分为每段大约30万个网格点。在这个过程中,JSM开/关网格分别产生了140个和180个分区。所有模拟均采用奥本大学的Hopper Cluster,Tenasi不可压缩流型每次迭代大约需要5.5s进行稳态计算。

为了计算升力曲线,需要进行攻角扫掠。开始扫掠时,在两种JSM构型上进行攻角(Angle of Attack,AOA)为零的模拟,直至升力和阻力实现收敛。模拟开始时,进行500次一阶空间精确迭代,以确立JSM模型周围的基本流场,在不采用限制器的条件下,进行3000次二阶空间精确迭代。最初,两种JSM网格的计算都存在一些较小的稳定性和收敛性问题,采用Barth-Jespersen限制器[3]解决了这些问题。在攻角为零的条件下进行收敛时,经过109次迭代,网格以每度攻角25次迭代的速度逐步上仰,攻角为4.36°,同时保持自由流速度恒定不变。当网格为4.36°时进行计算,直至升力和阻力收敛。将之前的攻角作为上仰过程的起点,重复该过程,以计算攻角为10.47°、14.54°、18.58°、20.59°和21.57°的解。在攻角较高的上仰过程中采取较慢的转速,以防止不适当的流动分离。所有计算都采用CFL=10且二阶空间精确计算。

这种上仰过程的计算成本非常昂贵,且每次迭代几乎需要30s。不同于上仰过程仅仅改变流场的流入方向需要将域中的每个控制体收敛到新的流场方向,上仰近似由于Tenasi固有的动态网格运动项会在每次迭代时自动校正每个控制体的流场,不是简单地改变流入方向。因此,上仰近似是两种方法中收敛较快的一种。另一个优势是,上仰过程明显减少了困扰早期研究的不适当流动分离的发生,在此期间,流入角从一个攻角直接切换到另一个攻角,攻角无任何增量变化。但上仰近似的一个缺点是网格和数值解必须旋转回原来的0°攻角,以进行数据比较。

3.5 结果与讨论

本节比较两种JSM构型的计算解与实验结果。具体来说,本节分析C_L、C_D和C_M的计算值,并讨论多个切面上缝翼、机翼和襟翼的C_p值。

3.5.1 力和力矩比较

采用SAS湍流模型求算出的不可压缩流动解的力和力矩图分别如图3-3

（无 JSM 短舱/挂架构型）和图 3-4（有 JSM 短舱/挂架构型）所示。

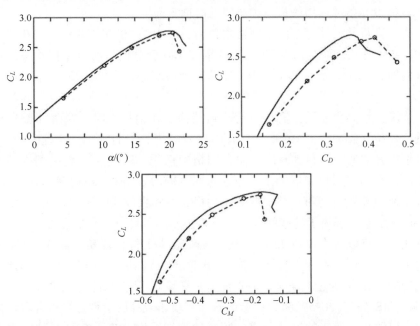

图 3-3 无短舱/挂架构型：力和力矩的实验值（-）与计算值（°-°）比较

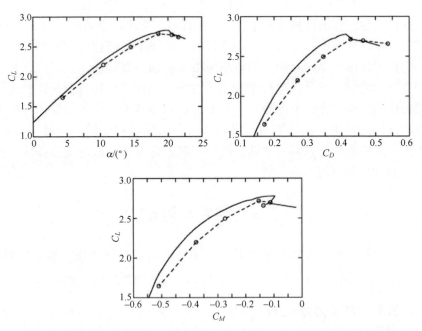

图 3-4 短舱/挂架开启构型：力和力矩的实验值（-）与计算值（°-°）比较

第3章 高升力机翼构型的不可压缩解

计算结果很好地预测了两种JSM模型的失速特性。虽然升力略低于预期,但求解结果与升力曲线线性区域的实验结果非常吻合。两种JSM构型的求解结果都能准确地预测C_{Lmax}的位置,但预测的C_{Lmax}值略低于实验值。从历史上看,SAS模型低估了升力和力矩,但高估了阻力。从图3-3和图3-4中可以清楚看到这种特性,图中阻力和力矩曲线略低于右侧的实验值。C_L值的差异主要是由于求解结果低估了上翼面的吸力峰值,在极端情况下,会预测得到不正确的机翼气流。3.5.2节讨论了这些观察结果。

本书获得的力和力矩与实验结果的差异如表3-4所示。表3-2~表3-4中的百分比表示($|\text{EXP}_{\text{value}}-\text{CFD}_{\text{value}}|$)/$|\text{EXP}_{\text{value}}|$。从表3-2可知,除不带短舱/挂架的JSM构型外,当攻角为21.57°时,计算结果与C_L值非常吻合,此时气流高度分离。也许通过几次较小的递增上仰过程可以纠正这种行为。但表3-3显示,计算结果大大高估了这两种构型的C_D值。虽然SAS湍流模型对网格拓扑结构相对不敏感,但若边界层分辨率过高,则可能对其产生不利影响。对网格的SAS模型进行校准,黏性间距为$y^+=1$。这些网格遵循HiLiftPW-3网格划分准则,并按$y^+=2/3$的间距构建。因此,SAS湍流模型可能适用更紧密的间距,并产生更高的阻力。表3-4表明,计算的C_M值符合实验趋势,但通常低2%~7%(攻角较高的情况除外),在这种情况下,气流开始分离,降低了升力,并造成过大的阻力,从而增加了力矩。JSM构型的实验研究是一个短舱影响研究,并用这种方法对计算结果进行了比较。短舱/挂架对JSM构型的力和力矩特性的影响如图3-5所示。在JSM构型上挂架表明,带短舱/挂架后,JSM构型的升力特性有所改善,并且本书的计算结果与实验结果保持一致。但计算结果大大低估了ΔC_L定义的C_L值。此外,两种构型的失速特性的计算结果与实验结果一致,即带短舱/挂架的JSM构型比不带短舱/挂架的JSM构型更早失速。计算结果表明,短舱安装影响预测得到的ΔC_D和ΔC_M值比ΔC_L值与实验结果符合得更好。

表3-2 不同攻角下CFD与实验结果之间的C_L值差异

攻角/(°)	JSM 短舱/挂架关闭			JSM 短舱/挂架开启		
	$C_{L,\text{CFD}}$	$C_{L,\text{EXP}}$	差异	$C_{L,\text{CFD}}$	$C_{L,\text{EXP}}$	差异
4.36	1.65205	1.68197	1.78%	1.64948	1.70702	3.37%
10.47	2.19648	2.23268	1.62%	2.19814	2.27978	3.58%
14.54	2.49076	2.53811	1.86%	2.49387	2.57252	3.06%
18.58	2.69273	2.74305	1.83%	2.71337	2.75168	1.39%
20.59	2.74047	2.76878	1.02%	2.69592	2.70995	0.52%
21.57	2.43176	2.69367	9.72%	2.65730	2.68143	0.90%

表 3-3　不同攻角下 CFD 与实验结果之间的 C_D 值差异

攻角/(°)	JSM 短舱/挂架关闭			JSM 短舱/挂架开启		
	$C_{D,\text{CFD}}$	$C_{D,\text{EXP}}$	差异	$C_{D,\text{CFD}}$	$C_{D,\text{EXP}}$	差异
4.36	0.16569	0.15563	6.46%	0.17077	0.16135	5.84%
10.47	0.25563	0.22592	13.15%	0.26978	0.24548	9.90%
14.54	0.31991	0.28260	13.20%	0.34566	0.31596	9.40%
18.58	0.38419	0.33871	13.43%	0.42690	0.38952	9.59%
20.59	0.41580	0.36664	13.41%	0.46412	0.43112	7.65%
21.57	0.46909	0.37966	23.55%	0.53688	0.47255	13.61%

表 3-4　不同攻角下 CFD 与实验结果之间的 C_M 值差异

攻角/(°)	JSM 短舱/挂架关闭			JSM 短舱/挂架开启		
	$C_{M,\text{CFD}}$	$C_{M,\text{EXP}}$	差异	$C_{M,\text{CFD}}$	$C_{M,\text{EXP}}$	差异
4.36	-0.53741	-0.54962	2.22%	-0.50999	-0.52279	2.45%
10.47	-0.43387	-0.46323	6.34%	-0.37631	-0.40718	7.58%
14.54	-0.35041	-0.36891	5.01%	-0.27325	-0.29527	7.56%
18.58	-0.23815	-0.23318	2.13%	-0.15306	-0.16103	4.95%
20.59	-0.17903	-0.14896	20.18%	-0.11156	-0.10892	2.42%
21.57	-0.16394	-0.12566	30.46%	-0.13620	-0.11073	23.00%

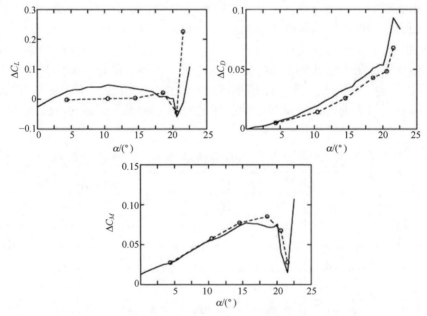

图 3-5　JSM 构型（"带短舱/挂架" ~ "不带短舱/挂架"）之间 C_L、C_D 和 C_M 值变化的实验值（-）与计算值（°-°）比较

3.5.2 压力分布比较

用于 C_p 提取的各种剖面,以及各剖面占翼展的百分比(翼展为翼根到翼尖的距离)如图 3-6 所示。虽然图 3-6 中没有显示,但展开的机翼构件上的切口不在恒定的 Y 位置。可登录 HiLiftPW-3 网站[1]查看详细信息。由于篇幅限制,本节只提供了一小部分可用的比较结果。本节的重点是验证模拟特性,并说明所提供的比较结果代表了各攻角下的总体求解结果。

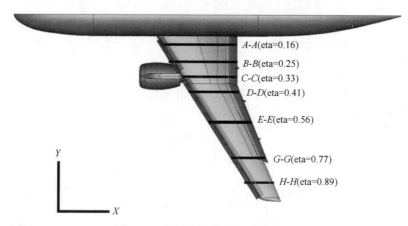

图 3-6 机翼构件上的 C_p 提取位置

图 3-7 表明在攻角为 20.59°时,两种 JSM 构型的实验结果与求解结果非常吻合。计算略微低估了这两种构型的缝翼吸力峰值,特别是明显低估了 JSM 构型(不带短舱/挂架)的襟翼吸力峰值。图 3-7 中,在攻角高达 20.59°时,$A-A$~$G-G$ 机翼站位的实验结果与计算结果相吻合。这些站位的求解结果和攻角的微小波动主要出现在襟翼的上表面,而缝翼和机翼的求解结果则始终表现出良好的一致性。总的来说,这些 C_p 结果优于图 3-3 和图 3-4 所示的两种 JSM 构型的 C_L 值($C_L \leqslant C_{Lmax}$)。攻角为 21.57°时的流动分离影响或不带短舱/挂架的 JSM 构型如图 3-8 所示。缝翼、机翼和襟翼上明显可见强烈的流动分离,这导致 C_L 值下降,见图 3-3。从图 3-4 中的 C_L 值可知,JSM 构型(带短舱/挂架)的 C_p 值与攻角为 21.57°时的实验值非常吻合。

见图 3-6,$D-D$ 站位处在发动机短舱和挂架后侧的稍外侧。见图 3-7 和图 3-8,在较高的攻角下,短舱和挂架的影响非常明显。通过实验和计算,发现 JSM 构型(不带短舱/挂架)的缝翼和机翼上有较强的吸力峰值,而 JSM 构型(带短舱/挂架)的襟翼上也有较强的吸力峰值。当短舱和挂架的尾流经过机翼构件的下方时,这种影响在低攻角下是最小的。然而,随着迎角的增

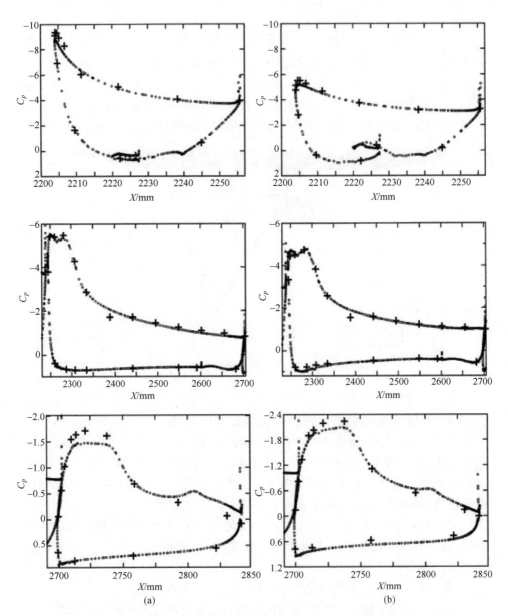

图 3-7 攻角为 20.59° 时，短舱/挂架关闭构型（a）和短舱/挂架开启构型（b）在缝翼（上副）、机翼（中副）和襟翼（下副）构件 D-D 站位时的 C_p 实验值（+）与计算值（○）比较

第 3 章 高升力机翼构型的不可压缩解

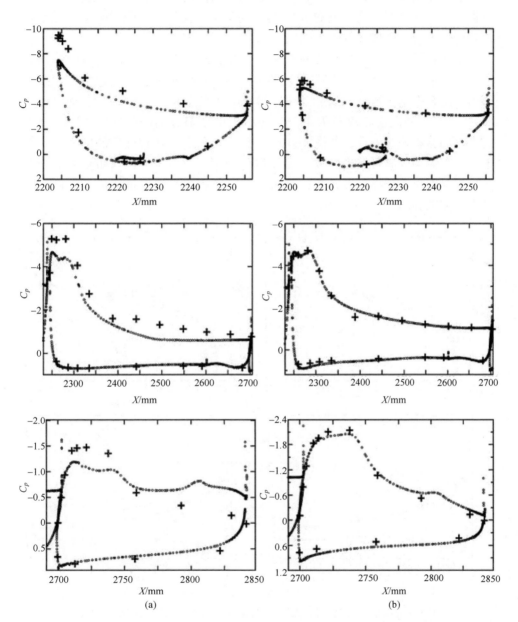

图 3-8 攻角 21.57°时，无短舱/挂架构型（a）和带短舱/挂架构型
（b）缝翼（上副）、机翼（中副）和襟翼（下副）构件 D-D 站位时的 C_p
实验值（+）与计算值（°）

大,尾流与机翼构件的相互作用越来越大,对流场的影响也越来越大。具体来说,缝翼和机翼遇到减速的短舱/挂架尾流,产生较弱的吸力峰值,而襟翼遇到加速流,产生较强的吸力峰值。

虽然机翼 A-A~G-G 站位的求解结果在攻角为 21.57°前未显示任何分离迹象,但两种 JSM 构型的翼尖附近的 H-H 站位在 alpha 扫掠过程中出现早期分离。图 3-9 对实验结果进行了很好的对比(在攻角为 4.36°时无任何分离迹象)。但计算的流动在攻角为 4.36°~10.47°时明显分离,在攻角高达 21.57°时,流动分离相对一致,如图 3-10 和图 3-11 所示。随着迎角的增大,翼尖上的早期流动分离可能是导致 C_L 值下降的原因。攻角上仰可以防止大部分机翼出现早期流动分离,在未来的模拟中,可使用较小的攻角增量来防止翼尖处发生流动分离。

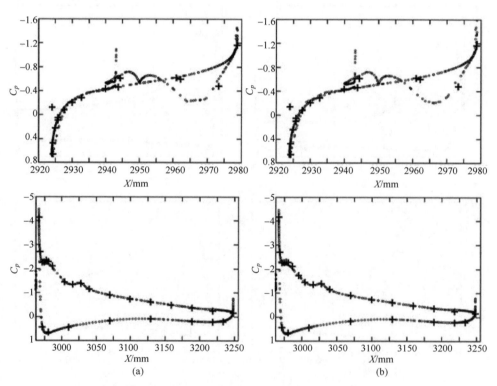

图 3-9 攻角为 4.36°时,无短舱/挂架构型(a)和带短舱/挂架构型(b)在缝翼(上副)和机翼(下副)构件 H-H 站位时的 C_p 实验值(+)与计算值(°)比较

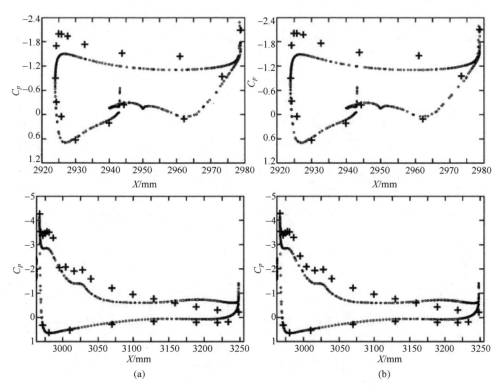

图 3-10 攻角为 10.47°时，无短舱/挂架构型（a）和带短舱/挂架构型
（b）在缝翼（上副）和机翼（下副）构件 H–H 站位时的
C_p 实验值（+）与计算值（°）比较

3.6 结论和未来的工作

Tenasi 非结构流动求解器成功地将不可压缩的 Navier–Stokes 方程运用于两种 JSM 高升力机翼构型，其计算结果与实验结果非常吻合。这些结果表明，高升力构型的精确模拟不需要使用可压缩方程。但却提出了一个问题，即在可压缩效应明显影响求解结果前，不可压缩方程还能用多久。在这种情况下，虽然平均流小于 0.2 的马赫数，但局部流动加速和热力学效应都可能使该区域流速明显突破马赫数为 0.3 的可接受不可压缩极限。未来我们会试图确定 JSM 模型周围的流动区域（这些区域在可压缩范围内），然后量化由此产生的可压缩效应。

本书使用的 JSM 网格严格遵循 HiLiftPW-3 网格划分准则。但对于 Tenasi 流动求解器中实施的 SAS 湍流模型而言，黏性间距的准则可能限制太多。未

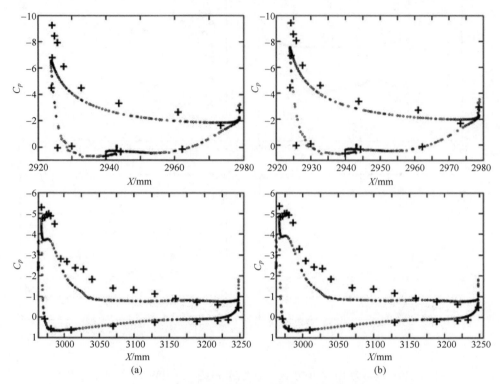

图 3-11 攻角为 21.57°时,无短舱/挂架构型(a)带短舱/挂架开启构型
(b)缝翼(上副)和机翼(下副)构件 H—H 站位时的
C_p 实验值(+)与计算值(°)比较

来,将探索其他方法,在边界层区域中提供足够的网格密度,同时减小网格大小。若使用较小的网格来获得高质量的解,则可以减少运行时间和资源方面的计算成本。此外,我们正在努力重新校准 SAS 模型,以便更好地预测 C_L 和 C_D 值。

模拟过程中进行的上仰大大减少了求解结果中的流动分离。为了对高升力构型进行稳健计算,需要对该过程进行微调,以防止翼尖流动分离。

这些模拟是在假定完全湍流边界层的情况下进行的。可以想象,在这些模拟中,特别是在大攻角下,为了获得最大精度,有必要进行转捩建模。HiLiftPW-3[1]的最新结果并未针对该问题给出明确的结论;一些参与者在转捩建模方面比其他参与者表现更好。因此,这个领域需要更多的研究。

自动网格加密能够减小网格大小,同时在需要的位置安排足够的网格分辨率。但现代的非结构网格技术具有很强的启发性，在反复细化各单元时，很难保证多元网格的网格质量。这是一个活跃的研究领域。

致谢。所有数值模拟均采用奥本大学的 Hopper Cluster 来执行，同时作者非常感谢奥本大学 Hopper Cluster 和 HPC 工作人员的支持。

作者还要感谢 HiLiftPW-3 委员会和 JAXA 提供这项研究使用的几何图形和测量结果。

参 考 文 献

[1] 3rd AIAA CFD High Lift Prediction Workshop. https://hiliftpw.larc.nasa.gov

[2] Anderson, J.: Fundamentals of Aerodynamics, 2nd edn. McGraw-Hill, Inc. (1991)

[3] Barth, T. J., Jespersen, D. C.: The design and application of upwind schemes on unstructured meshes. In: 27th Aerospace Sciences Meeting, Jan 1989, Reno, NV, AIAA Paper 89-0366 (1989)

[4] Briley, W., Taylor, L., Whitfield, D.: High-resolution viscous flow simulations at arbitrary mach number. J. Comput. Phys. 184, 79-105 (2003)

[5] Coakley, T. J.: Turbulence modeling methods for the compressible Navier-Stokes equations. In: AIAA 16th Fluid and Plasma Dynamics Conference, July 1983, Danvers, Mass, AIAA Paper 83-1693 (1983)

[6] Currier, N. G.: A hybrid method for flows in local chemical equilibrium and nonequilibrium. Master's thesis, University of Tennessee at Chattanooga (2010)

[7] Eriksson, L.: Apreconditioned navier-stokes solver for low mach number flows. In: Proceedings of the Third ECCOMAS Computational Fluid Dynamics Conference, Paris, France, pp. 199-205 (1996)

[8] Gupta, A.: Preconditioning methods for ideal and multiphase fluid flows. Ph. D. thesis, University of Tennessee at Chattanooga (2013)

[9] Hajjawi, M., Taylor, L. K., Nichols, D. S.: Assessment and modification for reynolds stress transport turbulence model flow prediction. In: 46th AIAA Aerospace Sciences Meeting and Exhibit, Jan 2008, AIAA Paper 2008-0568 (2008)

[10] Liou, W., Shih, T.: Transonic turbulent flow predictions with new two-equation turbulence models. Technical Report No. CR-198444, NASA

(1996)

[11] Menter, F., Kuntz, M., Bender, R.: A scale-adaptive simulation model for turbulent flow predictions. In: 41st AIAA Aerospace Sciences Meeting and Exhibit, 6-9 Jan 2003, Reno, NV, AIAA Paper 2003-0767 (2003)

[12] Murayama, M., Yamamoto, K., Ito, Y.: Japan aerospace exploration agency studies for the second high-lift prediction workshop. J. Aircr. 52 (4) (2015)

[13] Nichols, D.S., Hyams, D.G., Sreenivas, K., Mitchell, B., Taylor, L.K., Whitfield, D.L.: An unstructured incompressible multi-phase solution algorithm. In: 44th AIAA Aerospace Sciences Meeting and Exhibit, 9-12 Jan 2006, Reno, NV, AIAA Paper 2006-1290 (2006)

[14] Nichols, D.S., Mitchell, B., Sreenivas, K., Taylor, L.K., Briley, W.R., Whitfield, D.L.: Aerosol propagation in an urban environment. In: 36th AIAA Fluid Dynamics Conference and Exhibit, 5-8 June 2006, San Francisco, CA, AIAA Paper 2006-3726 (2006)

[15] Nichols, D.S., Sreenivas, K., Karman, S.L., Mitchell, B.: Turbulence modeling for highly separated flows. In: 45th AIAA Aerospace Sciences Meeting and Exhibit, 8-11 Jan 2007, Reno, NV, AIAA Paper 2007-1407 (2007)

[16] Pointwise: Version 18.0 R1. http://www.pointwise.com

[17] Spalart, P.R., Allmaras, S.R.: A one-equation turbulence model for aerodynamic flows. In: AIAA Paper 92-0439 (1992)

[18] Sreenivas, K., Hyams, D., Nichols, D., Mitchell, B., Taylor, L., Briley, W., Whitfield, D.: Development of an unstructured parallel flow solver for arbitrary mach numbers. In: 43rd AIAA Aerospace Sciences Meeting and Exhibit, Jan 2005, AIAA Paper 2005-0325 (2005)

[19] Sreenivas, K., Taylor, L., Briley, W.: A global preconditioner for viscous flow simulations at all mach numbers. In: 36th AIAA Fluid Dynamics Conference and Exhibit, 5-8 June 2006, San Francisco, CA, AIAA Paper 2006-3852 (2006)

[20] Strelets, M.: Detached eddy simulation of massively separated flows. In: 39th AIAA Aerospace Sciences Meeting and Exhibit, 8-11 Jan 2001, Reno, NV, AIAA Paper 01-0879 (2001)

[21] Taylor, L.K.: Unsteady three-dimensional incompressible algorithm based

on artificial compressibility. Ph. D. thesis, Mississippi State University (1991)

[22] Turkel, E.: Review of preconditioning methods for fluid dynamics. Appl. Numer. Math. 12 (13), 257-284 (1993)

[23] Wilcox, D. C.: Turbulence Modeling for CFD. 3rd edn. DCW Industries (2006)

第 4 章 基于 MFlow 求解器的 Jaxa 高升力构型标准模型的数值研究

Jiangtao Chen, Jian Zhang, Jing Tang 和 Yaobing Zhang

摘 要：本章利用内部求解器 MFlow 对第三届 AIAA CFD 高升力预测研讨会提出的 Jaxa 高升力构型标准模型进行了数值研究。该求解器基于格心型有限体积法，能够处理各种单元类型。模拟全部采用 HiLiftPW-3 委员会提供的混合网格。大规模并行计算的性能和力/力矩预测是本章的两个重点。并行计算的加速比令人满意，只是明显偏离了 3200 个或更多处理器的理论计算速率。即使在 6400 个处理器上进行计算，并行计算的效率仍保持在 75% 以上。本章详细分析了力和力矩的预测。流场初始化对高升力构型的预测起着重要作用。在较大的最高升力系数下，与用自由流数值初始化的预测结果相比，以低攻角下获得的收敛流场开始的模拟结果与实验结果吻合较好。阻力和俯仰力矩的预测也有所改进。在较低的攻角下，求解器与实验结果吻合较好，但在接近和超过失速状态的攻角下需要更加注意。

术 语 表

α = 攻角
C_{REF} = 平均气动力翼弦
Ma = 马赫数
Re_c = 基于 C_{REF} 值的雷诺数
T_∞ = 自由流温度
P_∞ = 自由流静压
η = 翼展系数
C_L = 升力系数
C_{Lmax} = 升力系数最大值
C_D = 阻力系数

第4章 基于MFlow求解器的Jaxa高升力构型标准模型的数值研究

C_M=俯仰力矩系数

C_p=压力系数

C_f=表面摩擦系数

C_{fx}=表面摩擦系数的流向分量

4.1 前　　言

在运输机的气动设计过程中，高效高升力装置的设计是关键因素之一。中大展弦比的多段机翼常用于商用和军用运输机。Van Dam[1]回顾了多段高升力系统气动设计和分析方法的发展历程。计算方法正慢慢取代经验方法，在设计和分析飞机（包括高升力系统）时，设计工程师越来越多地使用计算工具，而不是进行物理实验。高升力流场具有尾流合流、尾流/边界层混合、分离流、转捩等特征。近年来，随着计算流体动力学技术的迅速发展，包括网格生成技术、流动求解器、高性能集群等技术的发展，三维高升力构型的气动特性可采用这些技术进行评估。Rumsey和Ying[2]对高升力流场的数值预测能力进行了评估。

现在，计算流体动力学在飞机设计过程中的重要性日益凸显。CFD验证和确认方法已经引起CFD研究人员与供应商的广泛关注。为了评估CFD技术对起降（高升力）构型的中高展弦比后掠翼的数值预测能力，AIAA应用气动技术委员会于2010年举办了一系列AIAA CFD高升力预测研讨会。NASA梯形翼构型[8-9]的大量数值结果[3-7]评估了最先进的数值预测能力。根据研讨会的总结[10]，与实验相比，CFD往往低估了升力、阻力和俯仰力矩的大小。在接近失速状态的大攻角下，数值预测更加困难。一些参与者预测飞机会提前失速，大攻角下的解依赖于初始条件，在大攻角条件下，用低攻角下获得的收敛流场初始化的解与实验数据更加吻合。

本章确定了HiLiftPW-2提出的DLR-F11构型的缝翼和襟翼支架在数值模拟（与实验相比）中的重要性[11]。大多数计算（不涉及挂架）都预测到C_L值增加，远远超过名义失速角[11-17]。在接近失速状态的攻角下，CFD离散较大，但在网格细化后没有明显减少[11]。准确预测高升力流场仍然是雷诺平均Navier-Stokes（Reynolds-Averaged Navier-Stokes，RANS）流动求解器面临的一个挑战。

近年来，因非结构网格方法能有效处理复杂的几何图形而得到广泛的应用。生成复杂构型的非结构混合网格所需的时间明显低于生成多块结构化网格所需的时间。因此，只需用户稍加干预，安装时间就很可能大大缩短。非结构网格方法的另一个重要特征是可以实现基于解的网格自适应[18]。高升力研讨会一半以上的参与者都使用了非结构网格 CFD 工具。但复杂三维构型的单元数量很容易达到数千万，甚至数亿个。巨大的内存需求（特别是在使用非结构网格时）刺激了大规模并行计算的发展。大规模并行计算的性能已经成为现代 CFD 工具的一个重要评估指标。

为了评估内部非结构网格求解器 MFlow 预测高升力流场的能力，本章对 Hi-LiftPW-3 提出的 Jaxa 高升力构型标准模型（JSM）进行了数值研究。本章的构架如下：首先，简要介绍几何结构和计算网格；其次介绍计算中采用的数值方法，"结果"章节介绍了并行计算的性能和力/力矩预测；最后得出结论。

4.2　几何结构和计算网格

本节研究了 HiLiftPW-3 提出的高升力构型，即 JSM。该模型代表现代喷气式支线客机[19-21]；它是标称着陆构型中的一个翼身高升力系统（单段基线缝翼和单段 30°襟翼），该构型的支架展开，且短舱/挂架展开/收起（图 4-1）。流场包含了高升力问题的主要流动特性，但与实际飞机构型相比，该模型有所简化。在 JAXA（JAXA-LWT1）6.5m×5.5m 低速风洞中进行了低速风洞试验，获得了大量可用于 CFD 验证的试验数据。

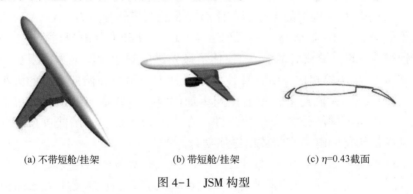

(a) 不带短舱/挂架　　(b) 带短舱/挂架　　(c) η=0.43 截面

图 4-1　JSM 构型

为了评估短舱和挂架在高升力系统中的影响，需要分别提供关于先前模型（无论是否带短舱/挂架）的两个试验案例①。计算的攻角分别为 4.36°、10.47°、14.54°、18.58°、20.59°和 21.57°。自由流条件如下：

Re_c = 1.93 × 10^6，Ma = 0.172，T_∞ = 306.55K，P_∞ = 99770.5Pa

---

① 可登录 https://hiliftpw.larc.nasa.gov/Workshop3/testcases.html 在线获取数据。

第4章 基于MFlow求解器的Jaxa高升力构型标准模型的数值研究

HiLiftPW-3委员会提供的非结构网格①是由BETA CAE Systems公司用ANSA v17.1.0生成的。计算网格信息如表4-1所示。如图4-2所示，机翼、缝翼和襟翼的前缘和后缘以及翼尖附近都生成了各向异性四边形网格。

表4-1 计算网格信息

构型	节点	单元	六面体	棱柱体	角锥体	四面体
短舱/挂架收起	52697852	108519653	14646898	65466705	380361	28025689
短舱/挂架展开	58267292	120213635	16021438	72717038	411472	31063687

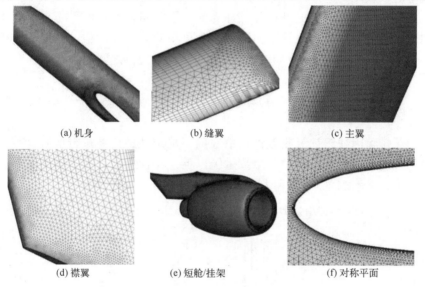

(a) 机身　　(b) 缝翼　　(c) 主翼

(d) 襟翼　　(e) 短舱/挂架　　(f) 对称平面

图4-2 模型各个部位的曲面网格

4.3 数值方法

本章的模拟全部采用内部非结构网格求解器MFlow[13]，该求解器基于格心型有限体积法，能够处理各种单元类型（六面体、四面体、棱柱体、角锥体以及采用几何多重网格法生成的其他多面体）。通过单元格的线性重构，实现二阶空间精度。梯度计算采用基于顶点的Green-Gauss方法[22]，以保持精确性和稳健性。利用Venkatakrishnan的限制器[23]防止在高梯度区域产生振荡。无黏通量计算采用Roe格式。

---

① 可登录ftp://hiliftpw-ftp.larc.nasa.gov/outgoing/HiLiftPW3/JSM_Grids/Committee_Grids/E-JSM_UnstrMixed_ANSA. 在线获取网格信息。

利用 Weiss 和 Smith[24] 提出的预处理矩阵进行低马赫数计算。为了加快收敛速度，采用局部时间步长的一阶后向欧拉时差分格式求解稳态问题。从一阶迎风格式中推导出通量雅可比行列式。分裂对流通量雅可比行列式由对流通量雅可比行列式及其谱半径组成。黏性通量雅可比行列式用其谱半径近似表示。采用几何多重网格法加速稳态收敛速度。假设为完全湍流，并采用"标准"Spalart-Allmaras 单方程模型①[25]。在预测高升力流场方面，普遍认可大攻角下的解依赖于初始条件。本节讨论了无论是否用自由流数值或低攻角下获得的收敛流场进行初始化计算。

在分布式并行系统上进行并行计算前，用 Metis 软件包[26]（一套用于划分图形或网格的程序）将整个网格划分为更小的多区域网格。消息传递接口（Message Passing Interface，MPI）[27-28] 用于不同处理器之间的数据交换。

4.4 结　　果

为了排除因缺乏计算收敛性而引起的不确定性，需要进行所有计算，直至全局残差的范数降低超过三个数量级以上，并且气动力和力矩的最终振荡均小于 1%。密度残差与力和力矩系数的收敛性如图 4-3 所示。

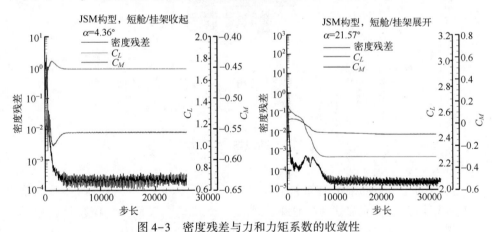

图 4-3　密度残差与力和力矩系数的收敛性

4.4.1　大规模并行计算的性能

大规模并行计算的性能通常采用加速比 S 和效率 E 进行评估。其定义如下：

---

① 可登录 https://turbmodels.larc.nasa.gov/spalart.html 查阅公式。

$$S = \frac{T_{REF}}{T_n},\ E = \frac{S}{n/n_{REF}} \times 100\%$$

式中：T_n 是在 n 个处理器上进行并行计算时，一个迭代步所用的时间量。不同的处理器之间需要大量的数据交换，因此在工程上很难实现线性加速比（在 n 个处理器上快 n 倍）。如图 4-4 和图 4-5 所示，加速比是令人满意的，只是明显偏离了 3200 个或更多个处理器的理论计算速率。即使在 6400 个处理器上进行计算，计算效率仍保持在 75% 以上。Metis 软件包很好地解决了负载均衡问题。非结构网格不受拓扑结构的限制，因此很容易获得较高的效率。

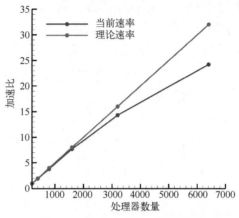

图 4-4 加速比曲线（见彩图）

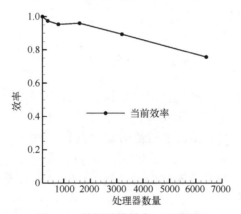

图 4-5 并行计算效率（见彩图）

4.4.2 安装短舱和挂架的影响

准确预测 C_{Lmax} 值及其发生的角度对高升力装置的设计至关重要。一些参与者预测，HiLiftPW-1 提出的 NASA 梯形翼构型会出现早期失速。许多参与者预测，HiLiftPW-2 提出的 DLR-F11 构型会推迟失速。失速前后流场的模拟仍然是 RANS 求解器的一大挑战。

不带短舱和挂架的 JSM 构型的升力预测结果（图 4-6）与中小攻角下的实验数据非常吻合，但前提是用小攻角下获得的收敛流场进行初始化。$\alpha = 18.58°$ 前，攻角增量为 $2°$，之后攻角增量为 $1°$。预测升力在 $\alpha = 18.58°$ 后下降，然后从 $\alpha = 19.58°$ 时再次上升。但实验升力在 $\alpha = 18.58°$ 后持续上升，在 $\alpha = 20.09°$ 时达到峰值。预测的 C_{Lmax} 比实验结果早出现 $1.5°$ 左右。因此，预测的 C_{Lmax} 值比实验值小 0.016。然后研究了流场初始化的影响。在较小的攻角下，用自由流数值初始化的升力预测结果与之前的计算结果并无明显差异。当 $\alpha = 18.58°$ 时低估了升力，此后也会下降。虽然关于失速的预测仍不能完全令人满意，但若根据低攻角下的解重新计算，则升力预测会有所改进。

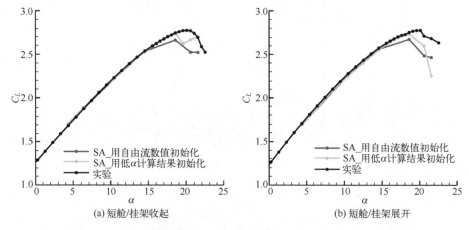

图 4-6 JSM 构型升力预测

在预测带短舱和挂架的构型时，也得到了几乎相同的结果。预测的升力在 $\alpha = 18.58°$ 后急剧下降，而实验曲线在 $\alpha = 18.58°$ 后持续上升，并在 $\alpha = 20.09°$ 时达到峰值。我们高估了两种构型的阻力，如图 4-7 所示。若流场用小攻角下获得的收敛流场进行初始化，则阻力预测略有改善。

精确预测复杂三维飞行器俯仰力矩是 RANS 求解器面临的一大挑战。对于不带短舱和挂架构型，不同攻角下预测 C_M 值位于实验曲线的上方或下方，如图 4-8 所示。对于带短舱和挂架的构型而言，除 $\alpha = 20.59°$ 时预测的俯仰力矩为正外，预测结果令人满意。一般来说，已证实用前一个攻角解初始化流场是很重要的。

为了评估在高升力系统中安装短舱和挂架的效果，图 4-9 给出了升力、阻力和俯仰力矩的增量以及实验增量。在中小攻角下可以很好地预测阻力增

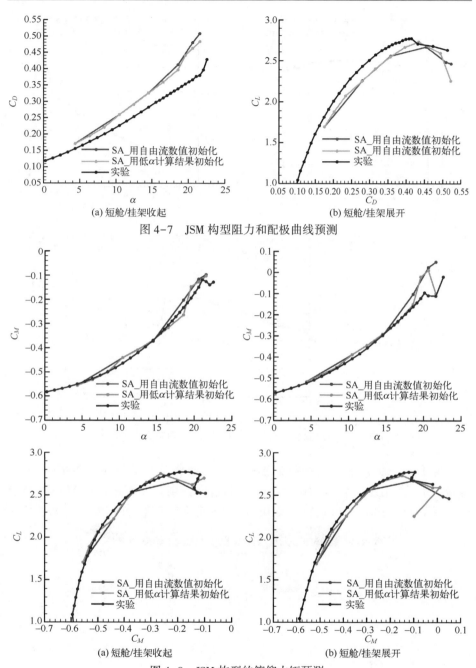

图 4-7 JSM 构型阻力和配极曲线预测

图 4-8 JSM 构型的俯仰力矩预测

量,但下降时间要早于实验中的下降时间。升力和俯仰力矩增量的预测不是特别令人满意,尤其是接近失速状态时的预测。

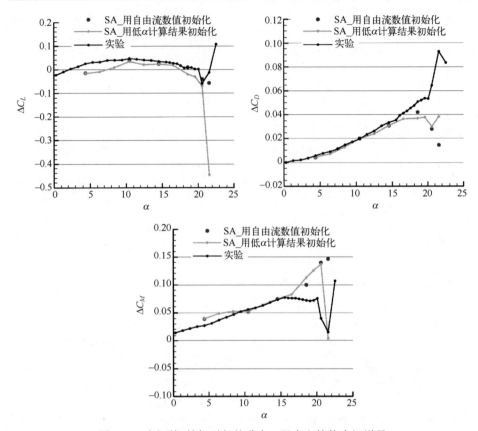

图 4-9　由短舱/挂架引起的升力、阻力和俯仰力矩增量

为了进一步评估数值预测的准确性,本节将几个翼展站位的 C_p 分布与实验结果进行比较。图 4-10 所示的 7 个站位分别位于翼根、中跨和翼尖附近。图 4-11~图 4-22 所示的结果用之前在较低攻角下进行的计算进行初始化。

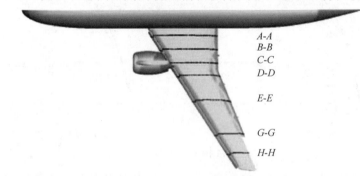

图 4-10　分析 C_p 分布的翼展站位

第 4 章 基于 MFlow 求解器的 Jaxa 高升力构型标准模型的数值研究

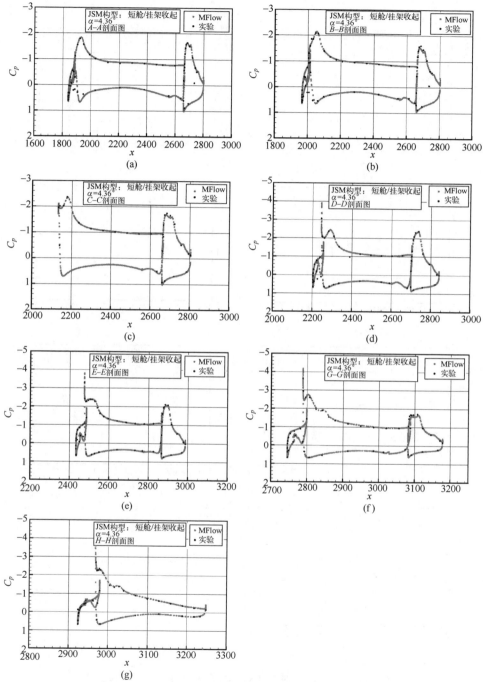

图 4-11 $\alpha=4.36°$ 时 JSM 构型的 C_p 分布（短舱/挂架收起）

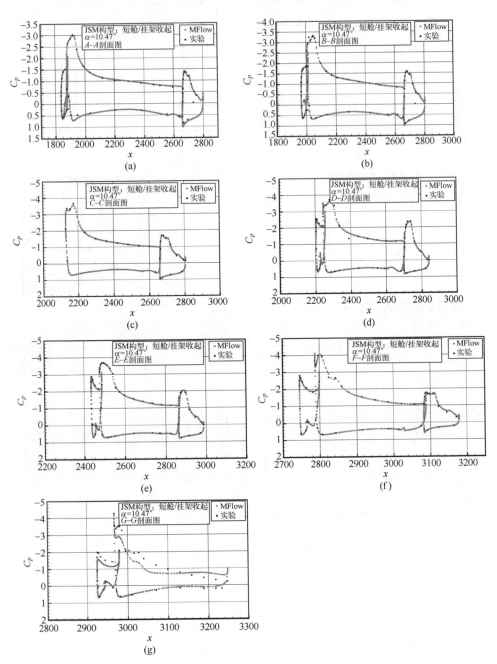

图 4-12　$\alpha=10.47°$ 时 JSM 构型的 C_p 分布（短舱/挂架收起）

第 4 章 基于 MFlow 求解器的 Jaxa 高升力构型标准模型的数值研究

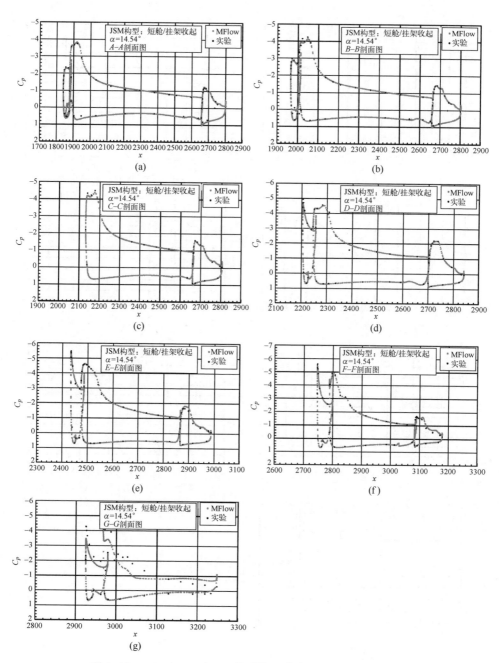

图 4-13 $\alpha = 14.54°$ 时 JSM 构型的 C_p 分布（短舱/挂架收起）

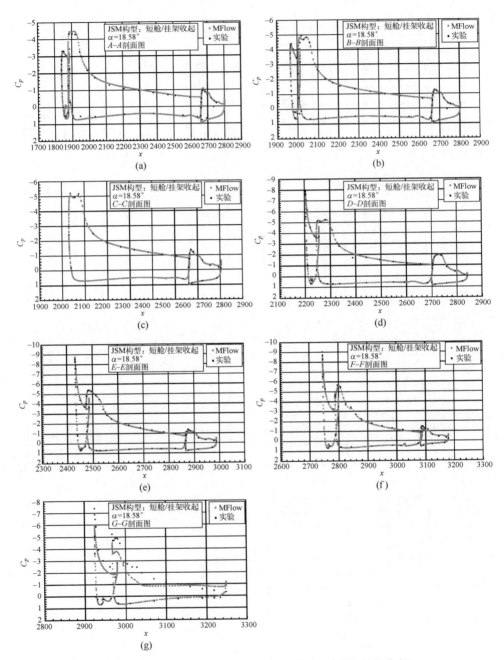

图 4-14 $\alpha = 18.58°$ 时 JSM 构型的 C_p 分布（短舱/挂架收起）

第 4 章 基于 MFlow 求解器的 Jaxa 高升力构型标准模型的数值研究

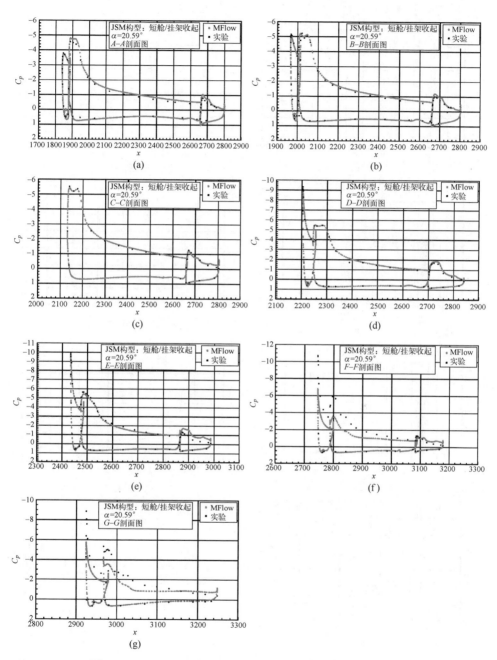

图 4-15 $\alpha = 20.59°$ 时 JSM 构型的 C_p 分布（短舱/挂架收起）

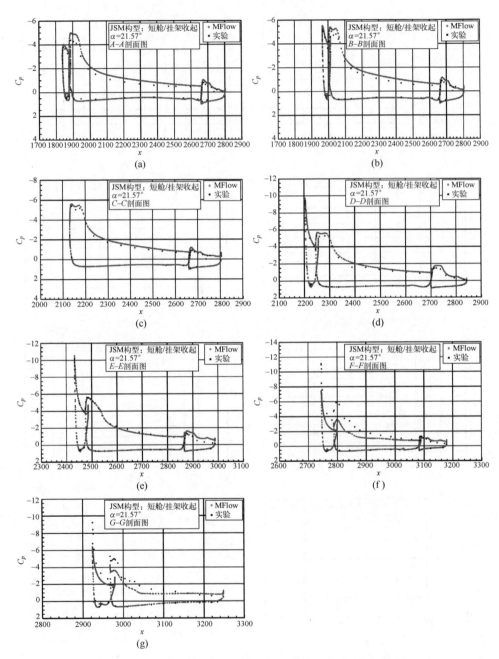

图 4-16 $\alpha=21.57°$ 时 JSM 构型的 C_p 分布（短舱/挂架收起）

第4章 基于MFlow求解器的Jaxa高升力构型标准模型的数值研究

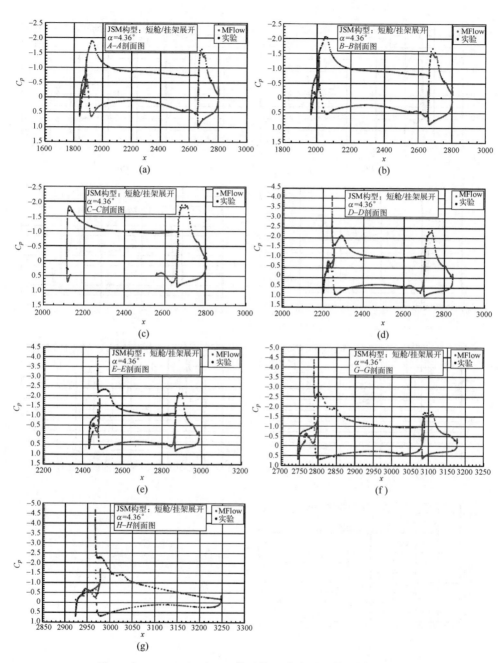

图4-17 $\alpha=4.36°$时JSM构型的C_p分布（短舱/挂架展开）

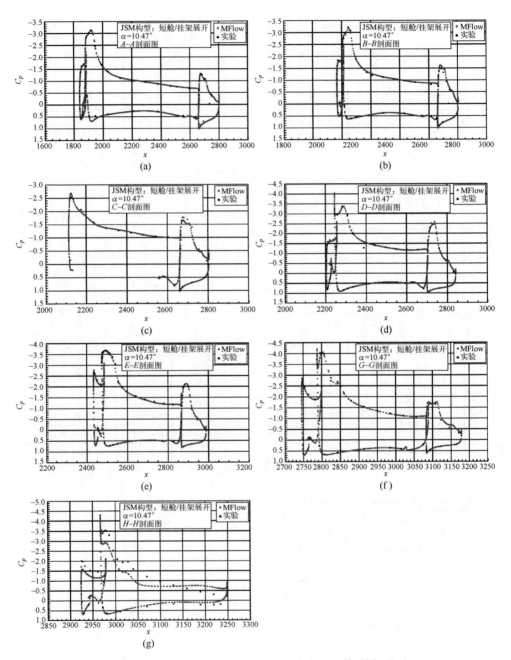

图 4-18 $\alpha = 10.47°$ 时 JSM 构型的 C_p 分布（短舱/挂架展开）

第4章 基于MFlow求解器的Jaxa高升力构型标准模型的数值研究

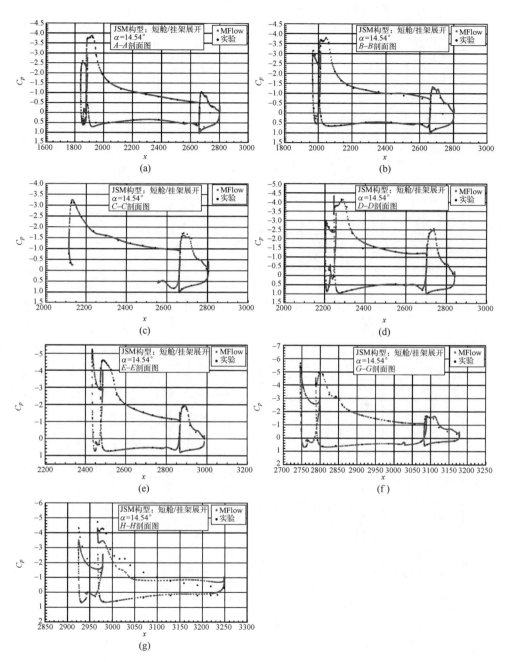

图4-19 $\alpha=14.54°$时JSM构型的C_p分布（短舱/挂架展开）

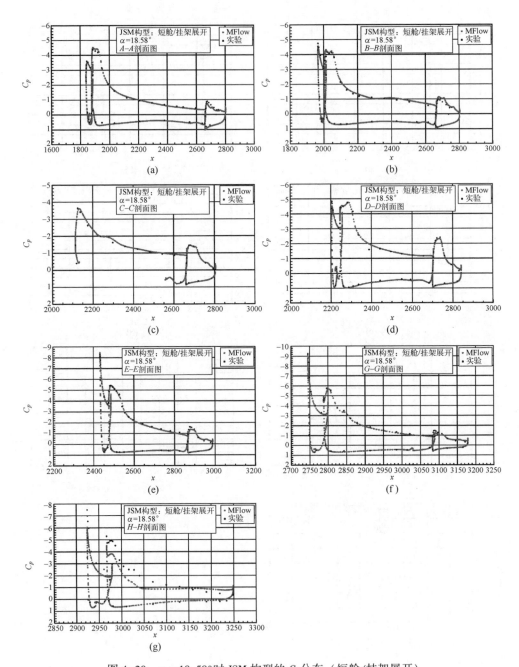

图 4-20　$\alpha=18.58°$ 时 JSM 构型的 C_p 分布（短舱/挂架展开）

第4章 基于MFlow求解器的Jaxa高升力构型标准模型的数值研究

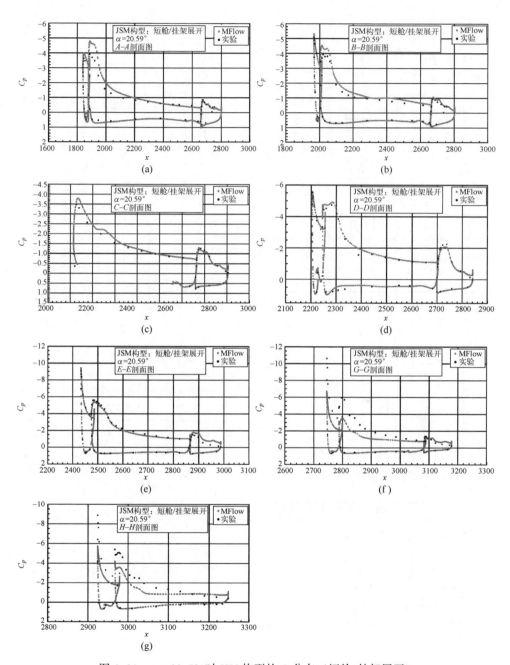

图4-21 $\alpha=20.59°$时JSM构型的C_p分布（短舱/挂架展开）

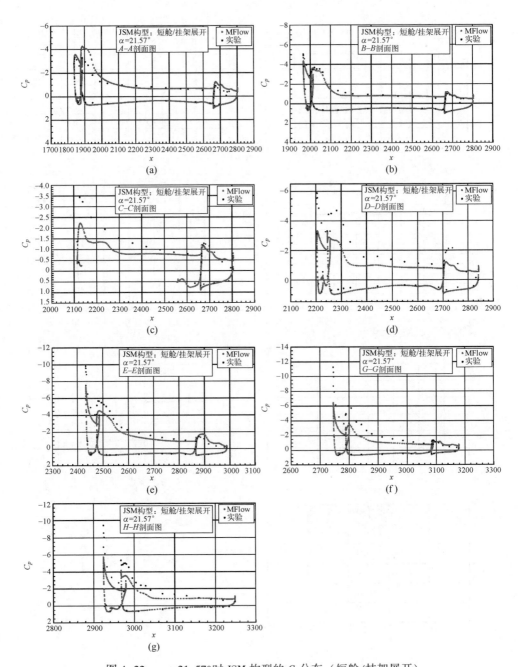

图 4-22 $\alpha = 21.57°$时 JSM 构型的 C_p 分布（短舱/挂架展开）

在 $\alpha=4.36°$、$10.47°$、$14.54°$ 和 $18.58°$ 时，预测的 C_p 值与实验值非常吻合，但在最外侧的 $H-H$ 站位，MFlow 预测的上翼面吸力过低。随着攻角的增大，C_p 分布的 CFD 与实验结果的差异向内侧站位扩大。对于带短舱和挂架的构型来说，这种情况非常明显。上翼面的吸力不足导致升力急剧下降。

预测的升力和 C_p 值与实验值非常吻合，因此在 $\alpha=4.36°$、$10.47°$、$14.54°$ 和 $18.58°$ 时，预测的表面流型与实验时的流型相似。图 4-23 ~ 图 4-28 所示的表面摩擦系数（C_f）等高线和流线可以证明这一点。C_{fx} 是表面摩擦系数的流向分量，可用于识别壁面附近的分离区域。中间图的蓝色区域表示 C_{fx} 值为负的区域。在 $\alpha=4.36°$、$10.47°$ 和 $18.58°$ 时，预测的流型与实验中的油流图像非常吻合。襟翼上出现局部流动分离，在 $\alpha=4.36°$ 和 $10.47°$ 时更为明显，这是由襟翼滑轨整流罩（Flap-Track-Fairings，FTFs）引起的。由主翼翼尖附近的缝翼支架引起的流动分离从 $\alpha=10.47°$ 时开始，但从 $H-H$ 站位的油流图像和 C_p 分布来看，实验中的流动分离并不明显。几位 HiLiftPW-3 参与者也发现了同样的现象，其中包括川崎重工业株式会社的 Hidemasa Yasuda、波音研究与技术公司的 Mohamed Yousuf 等①。

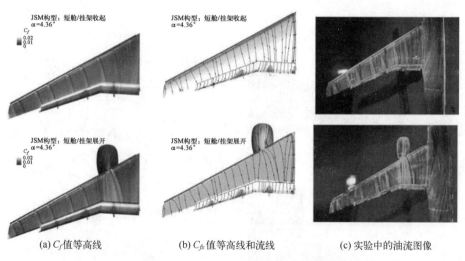

(a) C_f 值等高线　　(b) C_{fx} 值等高线和流线　　(c) 实验中的油流图像

图 4-23　$\alpha=4.36°$ 时的表面流型（见彩图）

随着攻角的增大，左侧第三个缝翼支架后面的流动分离导致升力系数的下降时间比实验更早。当 $\alpha=21.57°$ 时，短舱和挂架后面的分离区域较大，因此低估了短舱/挂架收起构型的升力，以及翼根区的大分离情况。

---

① 可登录 https://hiliftpw.larc.nasa.gov/Workshop3/presentations.html 获取详细信息。

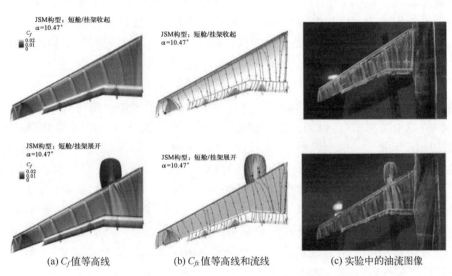

图 4-24　$\alpha = 10.47°$ 时的表面流型（见彩图）

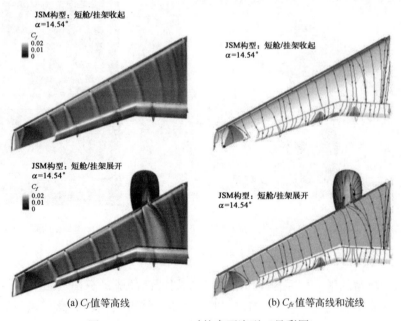

图 4-25　$\alpha = 14.54°$ 时的表面流型（见彩图）

第4章 基于MFlow求解器的Jaxa高升力构型标准模型的数值研究

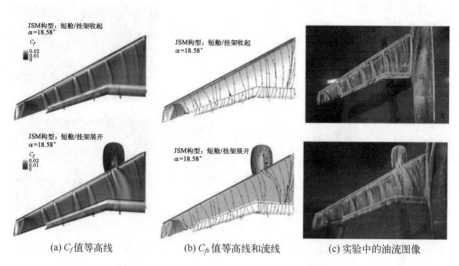

(a) C_f 值等高线　　(b) C_{fx} 值等高线和流线　　(c) 实验中的油流图像

图 4-26　$\alpha = 18.58°$ 时的表面流型（见彩图）

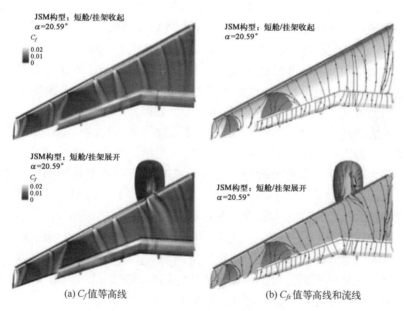

(a) C_f 值等高线　　　　　　　(b) C_{fx} 值等高线和流线

图 4-27　$\alpha = 20.59°$ 时的表面流型（见彩图）

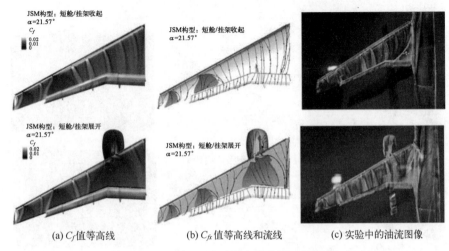

(a) C_f 值等高线　　(b) C_{fx} 值等高线和流线　　(c) 实验中的油流图像

图 4-28　$\alpha=21.57°$ 时的表面流型（见彩图）

4.5 结 论

本章利用内部求解器 MFlow 对第三届 AIAA CFD 高升力预测研讨会提出的 JAXA 标准模型进行了数值研究。Metis 软件包很好地解决了大规模并行计算中的负载均衡问题。非结构网格不受拓扑结构的限制，因此很容易获得更高的效率。即使在 6400 个处理器上进行计算，其计算效率仍保持在 75% 以上。当前的加速比明显偏离 3200 个或更多个处理器的理论计算速率。

在较大的最高升力系数下，与用自由流数值初始化的预测结果相比，以低攻角下获得的收敛流场开始的力和力矩预测结果与实验结果吻合较好。阻力和俯仰力矩的预测也有所改进。在中小攻角下可以很好地预测因短舱和挂架而引起的阻力增量，但下降时间要早于实验中的下降时间。升力和俯仰力矩增量的预测不是特别令人满意，尤其是接近失速状态时的预测。

在中小攻角下，预测的 C_p 值与实验值非常吻合，但在最外侧的翼展站位，MFlow 预测的上翼面吸力过低。随着攻角的增大，C_p 分布的 CFD 与实验结果的差异向内侧站位扩大。对于带短舱和挂架的构型来说，这种情况非常明显。上翼面的吸力不足导致接近失速状态时的升力急剧下降。

在较小的攻角下，求解器与实验结果吻合较好，但在接近和超过失速状态的攻角下需要更加注意。

参 考 文 献

[1] van Dam, C. P.: The aerodynamic design of multi-element high-lift systems for trans-port airplanes. Prog. Aerosp. Sci 38 (2), 101-144 (2002). https://doi.org/10.1016/S0376-0421(02)00002-7

[2] Rumsey, C. L., Ying, S. X.: Prediction of high-lift: review of present CFD capability. Prog. Aerosp. Sci. 38 (2), 145-180 (2002). https://doi.org/10.1016/S0376-0421(02)00003-9

[3] Rumsey, C. L., Long, M., Stuever, R. A., Wayman, T. R.: SummaryoftheFirstAIAACFDHigh-lift Prediction Workshop, 49th AIAA Aerospace Sciences Meeting, AIAA Paper 2011-0939, Jan 2011

[4] Long, M., Mavriplis, D.: NSU3D Results for the First AIAA High-lift Prediction Workshop, 49th AIAA Aerospace Sciences Meeting, AIAA Paper 2011-0863, Jan 2011

[5] Park, M. A., Lee-Rausch, E. M., Rumsey, C. L.: FUN3D and CFL3D Computations for the First High-Lift Prediction Workshop, 49th AIAA Aerospace Sciences Meeting, AIAA Paper 2011-0936, Jan 2011

[6] Crippa, S., Wilkendingy, S. M., Rudnik, R.: DLR Contribution to the First High-lift Prediction Workshop, 49th AIAA Aerospace Sciences Meeting, AIAA Paper 2011-938, Jan 2011

[7] Sclafani, A. J., Slotnick, J. P., Vassberg, J. C., Pulliam, T. H., Lee, H. C.: OVERFLOW Analysis of the NASA Trap Wing Model from the First High-lift Prediction Workshop, 49th AIAA Aerospace Sciences Meeting, AIAA Paper 2011-866, Jan 2011

[8] Johnson, P. L., Jones, K. M., Madson, M. D.: Experimental investigation of a simplified 3D high-lift configuration in support of CFD validation. In: 18th Applied Aerodynamics Conference, AIAA Paper 2000-4217, Aug 2000

[9] Hannon, J. A., Washburn, A. E., Jenkins, L. N., Watson, R. D.: Trapezoidal wing experimental repeatability and velocity profiles in the 14- by 22-foot subsonic tunnel (Invited). In: 50th AIAA Aerospace Sciences Meeting, AIAA Paper 2012-0706, Jan 2012

[10] Rumsey, C. L., Slotnick, J. P., Long, M., Stuever, R. A., Wayman, T. R.: Summary of the first AIAA CFD high-lift prediction workshop. J. Aircr. 48

(6), 2068-2079 (2011). https://doi.org/10.2514/1.C031447

[11] Rumsey, C. L., Slotnick, J. P.: Overview and summary of the second AIAA high-lift prediction workshop. J. Aircr. 52 (4), 1006-1025 (2015)

[12] Murayama, M., Yamamoto, K., Ito, Y., Hirai, T., Tanaka, K.: Japan aerospace exploration agency studies for the second high-lift prediction workshop. J. Aircr. 52 (4), 1026-1041 (2015)

[13] Chen, J. T., Zhang, Y. B., Zhou, N. C., Deng, Y. Q.: Numerical investigations of the high-lift configuration with MFlow solver. J. Aircr. 52 (4), 1051-1062 (2015)

[14] Mavriplis, D., Long, M., Lake, T., Langlois, M.: NSU3D results for the second AIAA high-lift prediction workshop. J. Aircr. 52 (4), 1063-1081 (2015)

[15] Coder, J. G.: OVERFLOW analysis of the DLR-F11 high-lift configuration including transition modeling. J. Aircr. 52 (4), 1082-1097 (2015)

[16] Lee-Rausch, E. M., Rumsey, C. L., Park, M. A.: Grid-adapted FUN3D computations for the second high-lift prediction workshop. J. Aircr. 52 (4), 1098-1111 (2015)

[17] Escobar, J. A., Suarez, C. A., Silva, C., López, O. D., Velandia, J. S., Lara, C. A.: Detached-Eddy simulation of a wide-body commercial aircraft in high-lift configuration. J. Aircr. 52 (4), 1112-1121 (2015)

[18] Blazek, J.: Computational Fluid Dynamics: Principles and Applications, pp. 1-4. Elsevier Science Ltd., Oxford (2001)

[19] Ito, T., Yokokawa, Y., Ura, H., Kato, H., Mitsuo, K., Yamamoto, K.: High-lift device testing in JAXA 6.5M X 5.5M low-speed wind tunnel. In: AIAA Paper 2006-3643 (2006)

[20] Yokokawa, Y., Murayama, M., Ito, T., Yamamoto, K.: Experiment and CFD of a high-lift configuration civil transport aircraft model. In: AIAA Paper 2006-3452 (2006)

[21] Yokokawa, Y., Murayama, M., Uchida, H., Tanaka, K., Ito, T., Yamamoto, K.: Aerodynamic influence of a half-span model installation for high-lift configuration experiment. In: 48th AIAA Aerospace Sciences Meeting, AIAA paper 2010-684, Jan 2010

[22] Diskin, B., Thomas, J. L.: Comparison of node-centered and cell-centered unstructured finite volume discretizations: inviscid fluxes. AIAA J. 49 (4),

836-854 (2011). https://doi.org/10.2514/1.J050897

[23] Venkatakrishnan, V.: On the accuracy of limiters and convergence to steady-state solutions. In: 31st Aerospace Sciences Meeting, AIAA Paper 1993-0880, Jan 1993

[24] Weiss, J. M., Smith, W. A.: Preconditioning applied to variable and constant density flows. AIAA J. 33 (11), 2050-2057 (1995). https://doi.org/10.2514/3.12946

[25] Spalart, P. R., Allmaras, S. R.: A one-equation turbulence model for aerodynamic flows. In: 30th Aerospace Sciences Meeting and Exhibit, AIAA Paper 1992-0439, Jan 1992. https://doi.org/10.2514/6.1992-439

[26] Karypis, G., Kumar, V.: A fast and high quality multilevel scheme for partitioning irregulargraphs. SIAM J. Sci. Comput. 20 (1), 359-392 (1998)

[27] Sheke, S., Kalyan, W.: Parallel multigrid solver for Navier-Stokes equation using OpenMPI. Int. J. Comput. Sci. Trends Technol. 3 (5), 131-134 (2015)

[28] Berger, M. J., Aftosmis, M. J., Marshall, D. D.: Performance of a new CFD Flow solver using ahybrid programming paradigm. J. Parallel Distrib. Comput. 65 (4), 414-423 (2005)

第5章 飞机高升力构型的时间分辨自适应直接有限元模拟

Johan Jansson,Ezhilmathi Krishnasamy,Massimiliano Leoni,
Niclas Jansson 和 Johan Hoffman

摘　要：本章提出了一种不含任何湍流模型参数的、适用于时间分辨气动特性模拟的自适应有限元方法。适用于 HiLiftPW-3 研讨会提出的在真实雷诺数下计算流经 JAXA 标准模型（JSM）飞机模型的流动这一类问题。网格的自动生成方法是基于采用伴随技术的后验误差估计的自适应算法的一部分。本章未使用显式湍流模型，未解析湍流边界层的影响可用表面摩擦产生的壁面剪应力的简单参数化进行模拟。在雷诺数非常高的情况下，根据自由滑移边界条件，用零表面摩擦近似表示较小的表面摩擦，因此不需要调整计算模型的任何参数，且无须计算资源消耗较高的边界层分辨率。本章引入一个数值转捩噪声项，作为扰动增长的源；结果表明，这在失速时会触发正确的物理分离，且无明显的预失速影响。我们发现，该方法定量、定性地捕捉了 JSM 实验的主要特征，即气动力和失速机制，与该领域最先进的方法相比，该方法具有较低的网格分辨率和更低的计算成本，并采用自适应方法通过网格细化进行收敛。因此，该模拟方法似乎可以可靠预测完整飞行器湍流分离流。

术　语　表

C_L 升力系数（无量纲）
C_D 阻力系数（无量纲）
C_p 压力系数（无量纲）
h 有限元网格中的四面体直径（m）
k 时间步（s）
n 法向单位矢量（无量纲）

第5章　飞机高升力构型的时间分辨自适应直接有限元模拟

P 计算压力（Pa）
p 压力（Pa）
q 压力测试函数（Pa）
Re 雷诺数（无量纲）
t 时间变量（s）
T 结束时间（s）
U 计算速度（m/s）
u 速度（m/s）
v 速度测试函数（m/s）
x 空间变量（m）
α 攻角（无量纲）
β 摩擦参数(kg/(m^2·s))
v 运动黏性（m^2/s）
τ 正切单位矢量（无量纲）

5.1　前　　言

目前，计算流体动力学在空气动力学方面面临的主要挑战是可靠预测湍流分离流[32,35]，尤其是完整飞行器的湍流分离流。这是本章的重点。

本章提出了一种不含湍流建模参数的、适用于时间分辨气动特性模拟的自适应有限元方法，以及 2017 年 6 月 3 日至 4 日在科罗拉多州丹佛市举行的第三届 AIAA CFD 高升力预测研讨会（HiLiftPW-3）提供的结果。衡量基准是在飞行条件的真实雷诺数下，JSM 飞机模型的高升力构型，如图 5-1 所示。研讨会的目的是评估最先进的 CFD 代码和方法的性能。

从飞机尺度到 Kolmogorov 耗散尺度，湍流呈现出一系列尺度上的特征。直接数值模拟（Direct Numerical Simulation，DNS）在实际雷诺数下不适用于整机模拟，而雷诺平均 Navier-Stokes 方程（RANS）一直都是工业上最先进的技术[31]。RANS 方法无法完整解析流场，但可以模拟平均场，并引入湍流模型来弥补未解析的动力学问题。标准 RANS 方法尤其无法解析瞬态流场，但可以解析湍流的统计平均值。

相比之下，大涡模拟（Large Eddy Simulations，LES）[29]采用亚格子模型模化无法直接解析的物理尺度，解决了滤波后流场的动力学问题，其代价是网格分辨率比 RANS 方法更高。RANS 和 LES 方法，以及混合方法（如 DES）都引入了需要针对当前问题进行调整的模型参数，并且计算结果对计算网格

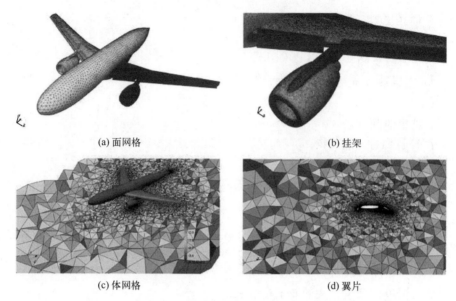

(a) 面网格　　　　　　　　　　(b) 挂架

(c) 体网格　　　　　　　　　　(d) 翼片

图 5-1　JSM 飞机模型和自适应方法所用的初始网格概述

高度敏感[19,25-27,33]。特别是，湍流边界层无法解析，且必须建模。边界层模型需要定制的边界层网格，从网格密度和人工操作来看，其成本昂贵。Witherden 和 Jameson 在参考文献［35］中提到，"就整体而言，整套飞行器的大涡模拟还有很长的路要走"。

本章提出的方法是一种自适应有限元方法，不含显式湍流模型和边界层模型，因此该方法也没有模型参数，而且不需要边界层网格。作为计算过程的一部分，该方法通过基于采用伴随技术的后验误差估计的自适应过程，自动构建网格。湍动能的耗散量由基于残差的数值稳定性计算。因此，该方法完全基于 Navier-Stokes 方程，无其他建模假设。

本章根据表面摩擦参数化壁面剪应力来模拟湍流边界层的影响。在雷诺数非常高的情况下，根据自由滑移边界条件，用零表面摩擦近似表示较小的表面摩擦，因此需要调整不含任何模型参数的计算方法，且不需要计算资源消耗较高的边界层分辨率。

本章给出了模拟方法的主要组成部分，以及 HiLiftPW-3 提供的结果，强调了该方法的非标准方面，并讨论了与实验相关的结果。HiLiftPW-3 规定了两种改进后的 JSM 构型：一种是不带挂架（或短舱）的构型，另一种是几何结构中包含挂架的构型（有挂架）。实验中测得的两种构型之间的气动力差异很小，通常小于 2%。因此，本章只关注"有挂架"的构型，其目的是验证本章提出的方法。

研讨会指导原则规定了使用固定网格或（更有趣的是）使用网格自适应技术对这两种网格变体的研究。考虑到方法的性质，即密切依赖于自适应过程，所以主要开展后一项研究。我们没有使用提供的计算网格，而是根据提供的 CAD 文件生成更适合所使用方法的网格。需要指出的是，自适应方法不需要任何专门的网格划分，来帮助求解器识别出在开始计算前已经知悉的流动特征。这不仅简化了网格划分方法（现在可由非专业软件（和科学家）来完成），而且还使计算速度更快：唯一需要的是一个能捕捉物体几何形状的初始网格；这是因为生成的网格会丢失基本 CAD 模型的信息，因此三角形边界的细化无法改进 CAD 几何图形的粗略初始近似值。我们计划在不久的将来摆脱这种限制，实现用投射到 CAD 模型上的新顶点确定边界单元格的功能。一旦有了足够精确的曲面描述，就可以在体积上对网格进行粗化处理，然后通过自适应算法迭代细化。

这种简便的方法可帮助我们从相当粗糙的网格开始计算，为了充分利用可用的计算资源，只需在需要时增加单元格数量即可。JSM 构型的初始网格约为 $2.5×10^6$ 个单元格。

我们发现，在研究的所有攻角下，模拟结果与实验数据非常吻合；此外，在使用相对较少的空间自由度下，通过自适应方法验证网格的收敛性。低计算成本还允许我们进行时间分辨模拟，从而获得通过定态模拟（如基于 RANS 的模拟）无法获得的其他结果。

因此，该模拟方法可以可靠预测完整飞行器湍流分离流。具体来说，本章给出的模拟结果再现了翼身连接处大规模流动分离的物理上真实的失速机制，这有利于我们继续验证该方法。

5.2 模拟方法

与 RANS 方法的统计平均值和 LES 方法的滤波解相比，我们的模拟方法是基于 Navier-Stokes 方程（NSE）弱解的近似算法，其整合了一系列测试函数的变分形式满足 NS 方程。

有限元法是基于 NSE 方程的一种变分形式，若该方法满足一定的稳定性和一致性条件，则随着有限元网格的细化，有限元解收敛到 NSE 方程的弱解[8]。我们将这种有限元法称为通用伽辽金（General Galerkin G2）法，或直接有限元模拟（Direct Finite Element Simulation，DFS）。

DFS 模拟的分辨率由网格大小设定，不引入湍流模型。流动解析不足部分的湍流动能耗散，通过 G2 方法的数值稳定性，由基于 NSE 残差的加权最小二乘法来解决。

该网格是基于所选目标或目标泛函（如阻力和升力）的后验误差估计而自适应构建的。后验误差估计采取由伴随问题的解加权的残差形式，其采用类似的稳定有限元法单独计算伴随问题[8]。自适应算法从粗网格开始，每次迭代时根据后验误差估计对粗网格进行局部细化。

我们采用自由滑动边界条件作为低表面摩擦力的高雷诺数湍流边界层模型。这意味着边界层未求解，因此不需要边界层网格。

该方法已根据参考文献［2-4，7］中的一些标准基准问题进行了验证，包括 HiLiftPW-2 提出的飞机模型[14]。我们发现，该方法对本章所述的基准问题也非常有效，并提供了接近实验参考数据的结果。

我们对非结构四面体网格采取了低阶有限元离散法，该方法称为 cG(1)cG(1)，即空间和时间上连续分段线性逼近法。

5.2.1 cG(1)cG(1)方法

作为不可压缩牛顿流体流动的基本模型，我们考虑了在时间间隔 $I=[0,T]$ 时有边界 $\varGamma$ 且在 $\varOmega \subset \mathbb{R}^3$ 中恒定运动黏度 $v>0$ 的 NSE 方程：

$$\begin{cases} \dot{u}+(u \cdot \nabla)u+\nabla p-2v\nabla \cdot \varepsilon(u)=f, & (x,t) \in \varOmega \times I \\ \nabla \cdot u=0, & (x,t) \in \varOmega \times I \\ u(x,0)=u^0(x), & x \in \varOmega \end{cases} \quad (5-1)$$

式中：$u(x,t)$ 为速度矢量；$p(x,t)$ 为压力；$u^0(x)$ 为初始数据；$f(x,t)$ 为体积力。此外，$\sigma_{ij}=2v\varepsilon_{ij}(u)-p\delta_{ij}$ 为应力张量，应变率张量 $\varepsilon_{ij}(u)=1/2(\partial u_i/\partial x_j+\partial u_j/\partial x_i)$，$\delta_{ij}$ 为克罗内克符号。黏性和惯性效应在流动中的相对重要性由雷诺数 $Re=UL/v$ 决定，其中 U 和 L 是特征速度和长度尺度。

cG(1)cG(1)方法基于空间和时间上的连续伽辽金法 cG(1)。在时间 cG(1)中，试探函数是连续、分段线性常数，而测试函数是分段常数。空间 cG(1)对应于连续、分段线性的测试函数和试探函数。

设 $0=t_0<t_1<\cdots<t_N=T$ 为一系列离散时间步长，相关时间间隔为 $I_n=(t_{n-1}, t_n)$，长度 $k_n=t_n-t_{n-1}$，设 $W \subset H^1(\varOmega)$ 为一个有限元空间，该空间由网格大小为 $h(x)$ 的四面体网格 $T=\{K\}$ 连续、分段线性函数组成，所含的 W_w 为满足 Dirichlet 边界条件 $v|_\varGamma =w$ 的函数 $v \in W$。

求出空间和时间上连续分段线性常数 $\hat{U}=(U,P)$，并求解满足齐次 Dirichlet 边界条件的 NSE 方程的 cG(1)cG(1)方法：$n=1,2,\cdots$ 时，N 为 $(U^n, P^n) \equiv (U(t_n),P(t_n))$，且 $U^n \in V_0 \equiv [W_0]^3$、$P^n \in W$，得

第5章 飞机高升力构型的时间分辨自适应直接有限元模拟

$$((U^n-U^{n-1})k_n^{-1}+\overline{U}^n\cdot\nabla\overline{U}^n,v)+(2\nu\varepsilon(\overline{U}^n),\varepsilon(v))-(p^n,\nabla\cdot v)$$
$$+(\nabla\cdot\overline{U}^n,q)+SD_\delta^n(\overline{U}^n,p^n;v,q)=(f,v),\quad \forall \hat{v}=(v,q)\in V_0\times W \tag{5-2}$$

式中：$\overline{U}^n=\frac{1}{2}(U^n+U^{n-1})$ 为 I_n 的时间分段常数，含稳定项

$$SD_\delta^n(\overline{U}^n,p^n;v,q)\equiv$$
$$(\delta_1(\overline{U}^n\cdot\nabla\overline{U}^n+\nabla p^n-f),\overline{U}^n\cdot\nabla v+\nabla q)+(\delta_1\nabla\cdot\overline{U}^n,\nabla\cdot v) \tag{5-3}$$

和

$$(v,w)=\sum_{K\in T}\int_K v\cdot w\,\mathrm{d}x$$
$$(\varepsilon(v),\varepsilon(w))=\sum_{i,j=1}^3(\varepsilon_{ij}(v),\varepsilon_{ij}(w))$$

稳定参数 $\delta_1=\kappa_1 h$，其中 κ_1 为单位大小的正常数。我们选择一个时间步长 $k_n=C_{\mathrm{CFL}}\min_{x\in\Omega}h/|U^{n-1}|$，$C_{\mathrm{CFL}}$ 值通常在 [0.5,20] 范围内。由此得出的非线性代数方程组采用稳健的 Schur 型定点迭代法进行求解[18]。

5.2.2 自适应算法

自适应算法（从 $i=0$ 开始）的简单描述如下：

（1）网格 T_i：求解原始解 (U,P) 和对偶解 (Φ,Θ) 的原始、（线性化）对偶问题。

（2）计算 T_i 的任何单元格 K 的 E_K 数量。若 $\sum_{K\in T_i}E_K<\mathrm{TOL}$，则停止计算，否则：

（3）用 E_K 最大值标记 5% 的单元进行细化。

（4）生成细网格 T_{i+1}，转到步骤（1）。

式中：E_K 为各单元格 K 的误差因子，详见第 5.2.3 节。就目前而言，我们有充分的理由说，E_K 是 NSE 残差和线性化对偶问题解的函数。对偶问题的表述包括用于细化的目标泛函的定义，通常作为边界条件或体源项纳入对偶方程。该泛函应根据我们正在解决的问题进行选择。换句话说，为了从算法中得到正确的答案，我们需要提出正确的问题。本节选择气动力的时间平均值作为目标泛函。

对偶问题可写为（详见[6]）

$$\begin{cases}-\dot{\varphi}-(u\cdot\nabla)\varphi+\nabla U^\mathrm{T}\varphi+\nabla\theta-v\Delta\varphi=\psi_1 & (x,t)\in\Omega\times I\\ \nabla\cdot\varphi=\psi_2 & (x,t)\in\Omega\times I\\ \varphi=\psi_3 & (x,t)\in\Gamma\times I\\ \varphi(\cdot,T)=\psi_4 & x\in\Omega\end{cases} \tag{5-4}$$

我们发现上述结构与原始 NSE 方程类似，除了伴随问题呈线性，传输按时间往后推移，并且我们有一个反应项 $(\nabla U^T \varphi)_j = U_j \cdot \varphi$，这在原始 NSE 方程中是不存在的。

用户唯一需要另外输入的是对几何图形 T_0 进行初始离散化。本节提出的方法是针对四面体网格设计的，不需要对近壁区域进行任何特殊处理（不需要边界层网格），因此可使用任何标准的网格生成工具轻松创建初始网格。

5.2.3　cG(1)cG(1) 方法的后验误差估计

后验误差估计基于以下定理（详细证明参见文献［8］中的第 30 章）：

定理 1　如果 $\hat{U} = (U, P)$ 求出式（5-2），则 $\hat{u} = (u, p)$ 为弱 NSE 解，$\hat{\varphi} = (\varphi, \theta)$ 用数据 $M(\cdot)$ 求解相关对偶问题，然后进行与参考泛函 $M(\hat{u})$ 有关的目标泛函 $M(\hat{U})$ 的后验误差估计：

$$|M(\hat{u}) - M(\hat{U})| \leqslant \sum_{n=1}^{N} \left[\int_{I_n} \sum_{K \in T_i} |R_1(U,P)_K| \cdot \omega_1 \mathrm{d}t + \int_{I_n} \sum_{K \in T_i} |R_2(U)_K| \omega_2 \mathrm{d}t + \int_{I_n} \sum_{K \in T_i} |SD_\delta^n(\hat{U}; \hat{\varphi})_K| \mathrm{d}t \right]$$

$$=: \sum_{K \in T_i} E_K$$

和

$$\begin{cases} R_1(U,P) = \dot{U} + (U \cdot \nabla)U + \nabla P - 2v \nabla \cdot \varepsilon(u) - f \\ R_2(U) = \nabla \cdot U \end{cases} \quad (5\text{-}5)$$

式中：$SD_\delta^n(\cdot; \cdot)_K$ 为稳定形式式（5-3）的本地版本，稳定性权值计算式为

$$\begin{cases} \omega_1 = C_1 h_K |\nabla \varphi|_K \\ \omega_2 = C_2 h_K |\nabla \theta|_K \end{cases}$$

式中：h_K 为网格 T_i 中单元 K 的直径，$C_{1,2}$ 表示插值常数。此外，$|w|_K \equiv (\|w_1\|_K, \|w_2\|_K, \|w_3\|_K)$ 和 $\|w\|_K \equiv (w,w)_K^{1/2}$，点表示 $\mathbb{R}^3$ 中的点积。

为简便起见，本节假设对偶变量 $\hat{\varphi} = (\varphi, \theta)$ 的时间导数由其空间导数限定。我们可从定理 1 中了解自适应算法。如前所述，误差因子 E_K 是 NSE 残差和线性化对偶问题解的函数（对偶问题的详细公式见参考文献［8］的第 14 章）。因此，在给定的网格上，我们必须首先求解 NSE 方程，计算残差 $R_1(U, P)$ 和 $R_2(U)$，然后求解线性化对偶问题，计算权值乘以残差 ω_1 和 ω_2。有了这些信息，我们就可以根据给定的停止标准来计算和检查 $\sum_{K \in T_i} E_K$ 值。求解

NSE 方程正反向问题的过程与循环优化密切相关,可以理解为在给定的几何结构和边界条件下寻找"最优网格"的问题,即在给定的精度范围内计算 $M(\hat{u})$ 值的最小自由度网格。

5.2.4 无为误差估计和指示

为了尽量减少锐度损失,我们还研究了一种方法,即后验误差估计直接采用弱式,但无须使用 Cauchy-Schwarz 不等式和插值估计,将弱式部分整合成强式。我们将这种直接形式的后验误差对偶表示称为"无为"法。

根据精确的伴随解 $\hat{\varphi}$,弱解 $\hat{u}$ 的输出误差可表示为

$$|M(\hat{u}) - M(\hat{U})| = |(R(\hat{U}),\hat{\varphi})| = \left|\sum_{K \in Ti}(R(\hat{U}),\hat{\varphi})_K\right| \quad (5-6)$$

这种误差表示不涉及近似法或不等式。因此,我们将以下基于表示法的误差因子称为"无为"误差因子:

$$e^K \equiv (R(\hat{U}),\hat{\varphi})_K \quad (5-7)$$

可计算的估值和误差因子同样基于对偶解的计算近似值 $\hat{\varphi}_h$:

$$|M(\hat{u})-M(\hat{U})| \approx |(R(\hat{U}),\hat{\varphi}_h)| \quad (5-8)$$

$$e_h^K \equiv (R(\hat{U}),\hat{\varphi}_h)_K \quad (5-9)$$

鉴于 Galerkin 正交性质,可能会失去全局误差估计的可靠性,其指出如果在与测试函数相同的空间中选择 $\hat{\varphi}_h$,标准 Galerkin 有限元法中可能不存在 $(R(\hat{U}),\hat{\varphi}_h)$ 值,虽然,在稳定有限元法的设置中,情况可能并非如此,参见参考文献[17]。

5.2.5 湍流边界层

在高雷诺数湍流流动的研究中[5,9,34],我们选择在壁面层模型中使用表面摩擦应力。也就是说,NSE 方程附带以下边界条件:

$$\boldsymbol{u} \cdot \boldsymbol{n} = 0 \quad (5-10)$$

$$\beta \boldsymbol{u} \cdot \boldsymbol{\tau}_k + \boldsymbol{n}^T \sigma \boldsymbol{\tau}_k = 0 \quad (k=1,2) \quad (5-11)$$

其中,$(\boldsymbol{x},t) \in \Gamma_{\text{solid}} \times I$,$\boldsymbol{n} = \boldsymbol{n}(\boldsymbol{x})$ 为外向单位法向矢量,$\boldsymbol{\tau}_k = \boldsymbol{\tau}_k(\boldsymbol{x})$ 为固体边界 Γ_{solid} 的正交单位切矢量。我们使用矩阵表示法,所有矢量 $\boldsymbol{v}$ 均为列矢量,且对应的行矢量用 $\boldsymbol{v}^T$ 表示。

在表面摩擦边界条件下,cG(1)cG(1) 方法中的动能耗散率对边界层中作为摩擦耗散的动能有一定的贡献。

$$\sum_{k=1}^{2}\int_{0}^{T}\int_{\Gamma_{\text{solid}}}|\boldsymbol{\beta}^{1/2}\overline{\boldsymbol{U}} \cdot \boldsymbol{\tau}_k|^2 \text{d}s\text{d}t \quad (5-12)$$

在高 Re 条件下，我们用 $\beta \to 0$ 模拟 $Re \to \infty$，使得边界层的耗散效应随 Re 的增大而消失。特别是，我们发现，虽然 β 值较小，但不影响求解结果[5]。在当前的模拟中，我们使用了近似值 $\beta = 0$，这对于实际的高升力构型可能是一个很好的近似值，其中 Re 值非常高。

5.2.6　数值转捩

到目前为止，模拟环境较为理想。从某种意义上说，入流无噪声，表面平整，且表面未产生振动，等等，这不是一个真实的环境。

就 DNS 而言，参考文献 [30] 研究了引入噪声的影响，结果表明，在理想的环境下，对于同一个问题，不同的 DNS 方法和框架可能得到不同的结果，但引入噪声项可以使结果更加一致。

本节探索了一个类似的想法，即在接近飞机几何体边界框的域中，添加了一个性质与白噪声相似的体积力项。我们希望噪声只对求解结果产生轻微的扰动，并作为不稳定机制（如失速）中扰动增长的因素，但不希望噪声在求解过程中占主导地位。

为了达到这种平衡效果，将白噪声力项按最大压力梯度 $|\nabla p|$ 的 5% 进行缩放。

我们在结果部分研究了这种数值转捩的影响，比较了有转捩和无转捩的模拟结果。我们看到，特别是在失速状态下，这对于触发正确的物理分离似乎有重要的影响。

5.2.7　FEniCS-HPC 有限元计算框架

本节的模拟计算采用 FEniCS-HPC 自动有限元软件框架中的 Unicorn 求解器。

FEniCS-HPC[10] 是一个开源框架，适用于在大规模并行运算架构上自动求解偏微分方程，对高阶数学符号中的变分形式、基于对偶的自适应误差控制、采用稳定有限元法的隐式湍流建模、强线性扩展至数千个核进行自动评估[12-13,15-16,21-22,24]。FEniCS-HPC 是 FEniCS[1,23] 框架的一个分支，主要注重大规模并行运算架构的高性能。

Unicorn 是一种求解技术（模型、方法、算法和软件），其目标是对真实的连续介质力学应用进行自动化高性能模拟，如湍流不可压缩或可压缩流动中固定或柔性物体（FSI）的阻力或升力计算。Unicorn 的基础是在欧拉（实验室）坐标系下建立的统一的连续（Unified Continuum, UC）模型[11]，以及本节前段所述的通用 Galerkin（G2）自适应稳定有限元离散法。

本节的模拟采用"致谢"一节中所述的超级计算机资源，在整个时间间隔内，最精细网格的模拟花费了大约10h，使用了约1000个内核。

5.3 结　　果

当攻角为 4.36°、10.58°、18.58°、21.57°和 22.58°时，我们使用 Unicorn/FEniCS-HPC 框架对 HiLiftPW-3 基准的 JSM "挂架带挂架"构型进行了自适应 DFS 方法的模拟。所有攻角（除 22.58°）都能获得研讨会提供的大量实验数据，包括力、C_p 值和油膜，我们将在后续章节中对这些实验数据进行比较。只有当攻角为 22.58°时才有力数据。当攻角为 21.57°和 22.58°时，实验中出现失速情况，如大规模分离导致升力损失。用正确的失速机制定量捕捉失速状态是空气动力学的一个开放性问题，因此我们研究了 21.57°（根据详细的实验数据，这是最高的角度）和 22.58°攻角。

实验采用半翼展模型，$Re = 1.93 \times 10^6$。但要求进行"自由空气"计算，为了避免对称平面可能引起建模误差，对整架飞机进行了模拟。但为了节省计算资源，仅选择飞机左侧的阻力和升力作为输出量，因此我们认为自适应方法仅在左侧阻力和升力可能出现明显误差时，才对右侧那一半的体网格进行细化。

自适应方法的初始网格约有 2.5×10^6 个顶点，然后每次迭代时用 5% 的单元格对网格进行迭代细化，直至观察到网格在阻力和升力下完成收敛，或尽可能多地进行细化。在本节给出的计算结果中，最精细网格有 $5 \times 10^6 \sim 10 \times 10^6$ 个顶点。

在 $I = [0,10]$ 的时间间隔内，我们用无量纲单位流入速度求解时变 Navier-Stokes 方程（5-1）。在一些接近失速的情况下（观察到启动时间更长），将时间间隔延长至 $I = [0,20]$。为了计算气动系数，取时间间隔最后 1/4 的平均值，如分别为 $[7.5,10]$ 或 $[15,20]$。

我们将本节分为三个部分：

（1）详细比较了气动力与实验值，包括自适应方法的收敛性和失速分析。

（2）详细比较了压力系数 C_p 与实验数据，包括失速状态下 C_p 值的分析。

（3）给出了流动显示，包括误差估计中作为权值的对偶量，并比较了实验中的表面速度与油膜显示。

5.3.1 气动力

如 5.2.5 节所述，表面摩擦力为零时的气动力计算如下：

$$F = \frac{1}{|I|} \int_I \int_{\Gamma_a} p\boldsymbol{n} \mathrm{d}s \mathrm{d}t \tag{5-13}$$

式中：Γ_a 为飞机的左半边界。因存在单位入流，阻力和升力系数为 $C_D = \frac{2F_x}{A}$ 和 $C_L = \frac{2F_y}{A}$，其中 A 是 HiLiftPW-3 提出的 JSM 飞机模型的参考面积。

我们采用基于对偶的"无为"自适应方法，根据后验误差估计反复求解原始问题和对偶问题，从而对网格进行迭代细化。这就生成了一系列适应网格，这个过程起到了经典网格研究的作用。

图 5-2 所示为迭代自适应法不同网格的升力系数 C_L 和阻力系数 C_D 与攻角 α 的关系。点的大小表示自适应序列中的迭代次数，点越大表示迭代次数越多，即网格越细密。我们将最精细网格用线连接起来，并将实验数据绘制成线。在攻角为 18.58° 和 22.58° 时，我们计算了使用和不使用 5.2.6 节所述"数值转捩"项的流动解。为了评估对攻角的依赖性，转捩情况用红色表示，为便于了解，自适应序列略微向右移动。

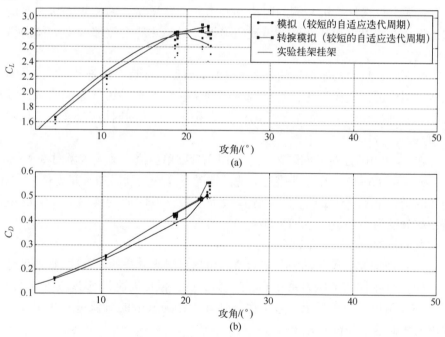

图 5-2 迭代自适应法不同网格的升力系数 C_L 和阻力系数 C_D 与攻角 α 的关系（见彩图）

我们观察到，在所有情况下，网格收敛范围在 1%~2%，这与 C_L 值的实验结果接近，即大约在 5% 范围内，C_D 值的预测略高，约为 10%，这与 HiLift-PW-3 大多数参与者采用一系列方法做出的预测一致[28]，表明问题陈述或实验数据中都存在系统性错误。

当失速攻角为 18.58°、21.57° 和 22.58° 时，我们定性地再现了实验中的失速现象：当攻角超过 21.57° 时，C_L 值会随着攻角的增大而减小。我们观察到，失速角在 18.58°~21.57° 之间，从实验失速角来看，约为 1°。

此外，我们还验证了"数值转捩"函数与预期一致：当攻角为 18.58°（即最大升力角和最大非失速角）时，该项对求解结果并无明显影响，而失速角为 22.58° 时，我们观察到，转捩会触发与失速现象相一致的大规模分离，而未转捩的情况似乎存在太小的扰动，不会产生流动分离。接下来，我们在曲面速度表述中对失速机制进行了详细分析。

为了分析 C_D 和 C_L 值的时间变化，$\alpha = 4.36°$ 的时间演化曲线如图 5-3 所示，$\alpha = 18.58°$ 的未转捩情况如图 5-4 所示，$\alpha = 18.58°$ 的转捩情况如图 5-5 所示。

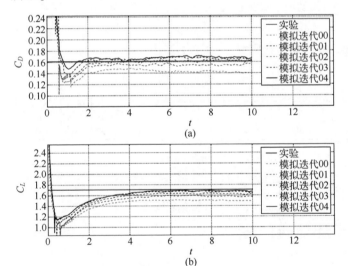

图 5-3　升力系数 C_L 和阻力系数 C_D 的时间演化曲线，以及当 $\alpha = 4.36°$ 时与实验结果相比具有相对误差的最精细自适应网格的数值表

在预失速情况下，我们观察到 $t \in [0,5]$ 的初始"启动阶段"，然后是关于稳定均值的振荡。数值转捩的影响是 C_D 和 C_L 信号中的噪声，振幅约为 1%（图 5-5）。

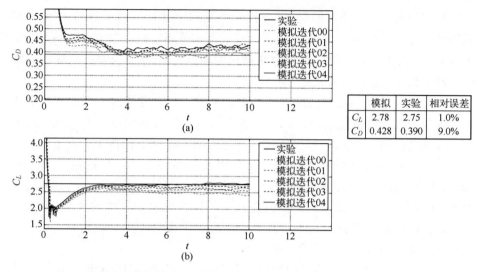

图 5-4 升力系数 C_L 和阻力系数 C_D 的时间演化曲线，以及当 $\alpha=18.58°$ 时与实验结果相比具有相对误差的最精细自适应网格的数值表（未转捩）

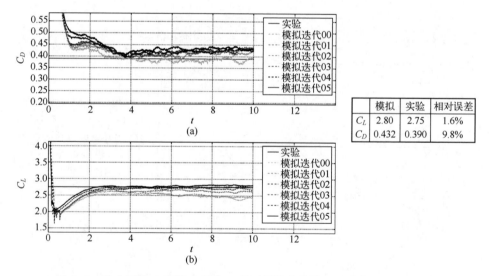

图 5-5 升力系数 C_L 和阻力系数 C_D 的时间演化曲线，以及当 $\alpha=18.58°$ 时与实验结果相比具有相对误差的最精细自适应网格的数值表（数值转捩）

5.3.2 压力系数

通过机翼、襟翼和缝翼的最精细自适应网格模拟得到的压力系数 C_p 与实验值的关系分别如图 5-6~图 5-8 所示。与这些图相对应的压力传感器位置如

图 5-9 所示。

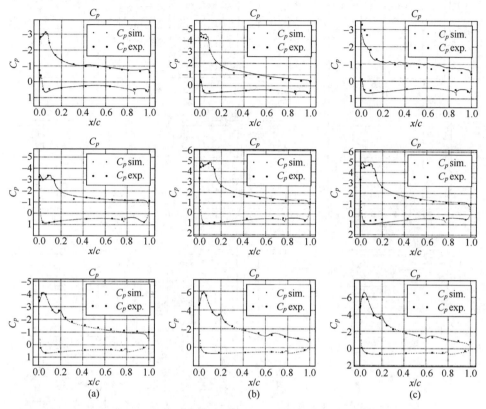

图 5-6 当攻角 $\alpha=10.48°$（图（a））、$\alpha=18.58°$（图（b））和 $\alpha=22.56°$
（图（c））时，JSM（挂架展开）机翼的 A-A（上）、D-D（中）和
G-G（下）站位的压力系数 C_p 与标准局部弦长 x/c 的关系

参考文献［13］中定义的气动力与实验值非常吻合，且气动力由法矢量加权的压力积分组成，因此 C_p 值也必须与实验平均值相符。但通过 C_p 图可以了解局部机制（如分离模式），失速机制就是其中一个重要的例子。本节将重点介绍这些局部机制。

首先，我们看到，在预失速角 $\alpha=10.48°$ 和 $\alpha=18.58°$ 时，除局部差异，机翼和缝翼的模拟结果与实验结果非常吻合，襟翼的模拟结果与实验结果通常也非常吻合。在襟翼靠近机身的上表面（即 A-A 站位），其模拟的 C_p 值较低。否则，曲线通常匹配。

在失速状态下，我们分析了 21.57°（实验 C_p 图可用）和 22.56°（实验 C_p 图不可用）攻角。为了获得一个余量，对攻角为 21.57°时的两个实验 C_p 图

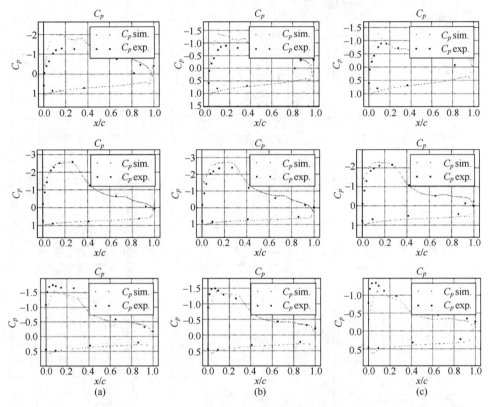

图 5-7 当攻角 $\alpha = 10.48°$(图(a))、$\alpha = 18.58°$(图(b))和 $\alpha = 22.56°$
(图(c))时,JSM(挂架展开)襟翼的 $A\text{-}A$(上)、$D\text{-}D$(中)和 $G\text{-}G$(下)
站位的压力系数 C_p 与标准局部弦长 x/c 的关系

进行了比较,但前提是模拟中的失速是在更大的攻角下发生的。模拟结果与实验结果非常吻合:靠近机身的机翼(即 $A\text{-}A$ 站位)存在一个小小的差异,但考虑到该站位会发生引起失速的大尺度分离,因此结果是可以接受的。C_p 曲线与气动力图中的 C_D 和 C_L 曲线一致。

目前,我们比较了攻角为 22.56°时转捩和未转捩的模拟结果与实验结果,以及图 5-10 中攻角为 22.56°时机翼的模拟结果与实验结果。可以清楚看到,攻角为 22.56°的未转捩模拟严重忽视了 $A\text{-}A$ 站位(靠近发生引起失速的大规模分离机制的翼身交接区)上表面的 C_p 值,而转捩模拟则很好地捕捉到了实验 C_p 曲线,但前缘附近的 C_p 值略低。我们的结论是,转捩动作触发了物理上正确的流动分离。其他站位($D\text{-}D$ 和 $G\text{-}G$)的转捩和未转捩模拟非常相似,这表明转捩除了触发扰动外并无其他明显影响。

第5章 飞机高升力构型的时间分辨自适应直接有限元模拟

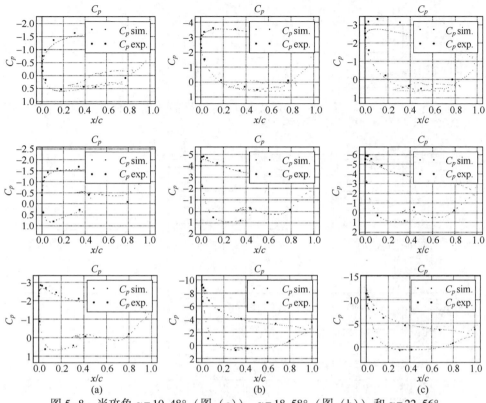

图 5-8　当攻角 $\alpha=10.48°$（图（a））、$\alpha=18.58°$（图（b））和 $\alpha=22.56°$（图（c））时，JSM（挂架展开）缝翼的 A-A（上）、D-D（中）和 G-G（下）站位的压力系数 C_p 与标准局部弦长 x/c（失速状态下）的关系

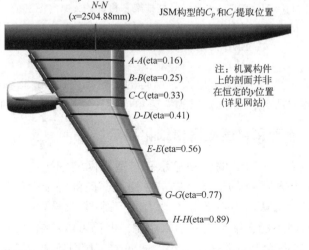

图 5-9　JSM 构型的压力传感器布局图，显示了压力传感器的安装位置及其表示方式

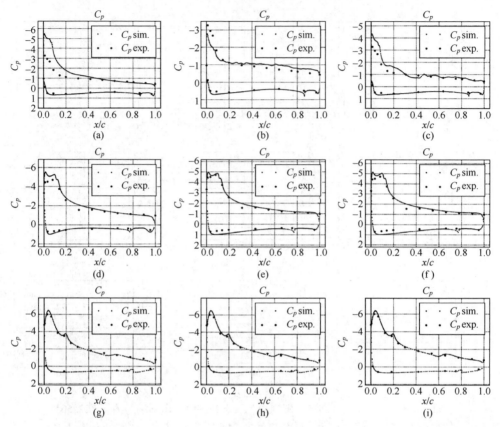

图 5-10 当未触发攻角 $\alpha=22.56°$（图（a）、(d)、(g)）、触发攻角 $\alpha=22.56°$（图（b）、(e)、(h)）和 $\alpha=21.57°$ 时，JSM（带挂挂架）机翼的 A-A（图（a）、(b)、(c)）、D-D（图（d）、(e)、(f)）和 G-G（图（g）、(h)、(i)）站位的压力系数 C_p 与标准局部弦长 x/c 的关系

当 $\alpha=21.57°$ 时的模拟被触发，所得的实验结果比 22.56° 结果差，但优于 22.56° 的未转捩情况，表明模拟的失速角可能比实验结果约迟 1°。

5.3.3 流动和自适应网格细化显示

本节重点介绍了有效的流动显示和自适应网格细化过程。其目的是提供关于近似解性质和特征的信息，更重要的是，提供关于近似过程的信息，其中大部分信息无法从压力系数和气动力的一维图中分辨出来。这些更为复杂的显示结果有时不能直接与实验结果相比，但仍可以对结果进行定性验证。

图 5-11 右图为上机翼速度大小的曲面图。我们还结合该曲面图，给出了组织者提供的油流实验图片作为验证。我们在图 5-11 中进行了对比。

第5章 飞机高升力构型的时间分辨自适应直接有限元模拟

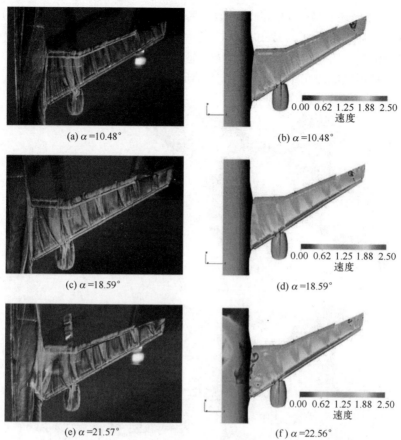

图 5-11 实验油流显示（图 (a)、(c)、(e)）与速度大小曲面图
（图 (b)、(d)、(f)）的比较

油流实验揭示了 JSM 飞机的一些共同几何特征，并通过速度图再现了这些特征。对于所有攻角，在固定翼的吸力侧可以看到低速条带图案与高速区域交替出现。这是由于缝翼导轨上游的分离造成的，可通过数值解正确捕捉这种情况。

流动的另一个特征是翼尖附近的湍流分离。在 $\alpha=18.59°$ 时，这种情况尤为明显。具有这种流动特征的区域会影响飞机上的气动力，事实上，我们在实验中发现一些网格上的计算错误地预测了目标泛函，这通常会产生比实验更低的升力系数。若原始几何结构具有更高的曲率，则可以通过细化曲面网格来克服这一中间障碍。后来，我们将这种应变方法的有效性解释为原始网格无法捕捉足够精确的曲面几何结构，因此无法再现这些复杂的图案。

我们要介绍的另一种有趣的可视化技术与湍流本身更密切相关，即 Q 准则[20]。为了描述流体流动的湍流特征，参考文献广泛采用 Q 准则。其主要思想是可以定义一个量（通常用字母 Q 表示），其值与涡度有关，因此，Q 等高线可以提供关于流场中涡流存在位置的直观信息。

在三种不同的攻角下，飞机（带挂架）的 Q 准则如图 5-12 所示。

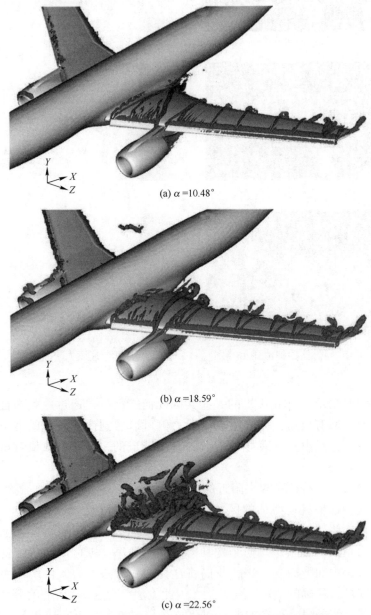

(a) $\alpha = 10.48°$

(b) $\alpha = 18.59°$

(c) $\alpha = 22.56°$

图 5-12　Q 值为 100 时 Q 准则结束时间的瞬时等值面

第 5 章　飞机高升力构型的时间分辨自适应直接有限元模拟

可视化技术再次强调了与前一种情况相同的模式：等值面沿机翼吸力侧的快、慢速度区交界呈典型的 V 形。不仅如此，我们还可以清楚地分辨翼尖附近的一组等值面，这与前面提到的湍流分离区的位置相匹配。Q 准则的可视图与表面速度图相一致，这种内在的一致性增加了我们对计算结果的信任。

再来简述产生流体流动逐次逼近法的自适应过程。如前所述，利用 Navier-Stokes 方程的残差和对偶 Navier-Stokes 方程的解求出网格细化解。我们首先展示了对偶解的体绘制图，如图 5-13 所示。

值得注意的是，伴随速度随时间向上游流动，因此，它似乎是在与原始速度相反的方向流动。我们观察到，网格中对偶速度值较高的部分位于飞机的上游。鉴于无为误差因子的设计方式，我们期望在残差和对偶解都较大的位置进行细化。事实上，这具有重要的意义，即不仅要在计算力的机翼上进行网格细化，还要在分裂单元格（通过推理，与气动力的计算无关）的上游进行网格细化。

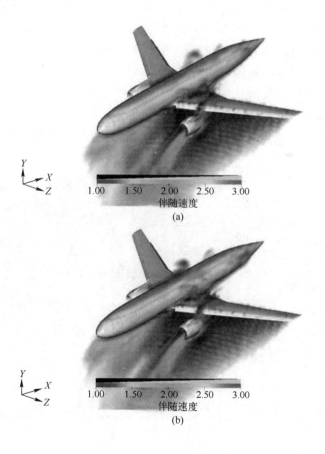

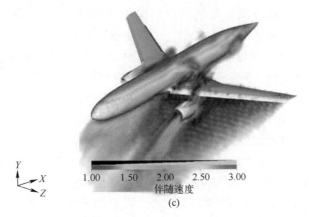

(c)

图 5-13　伴随速度 φ 大小的时间演化曲线的体绘制，以及在 $t=(16,18,20)$，$\alpha=22.58°$ 状况下的快照

这一特性对于我们的方法来说是独一无二的：虽然其他方法倾向于在更高精度直观上将产生更好的气动力近似值的区域（即机身和下游区域周围）中细化网格，但自适应算法提供了一种不涉及流动特性的自动程序，该程序只解决运动方程残差和对偶问题的解。

在数值实验中正好发生了我们将要验证的情况。给定攻角下初始网格和最精细自适应网格的波状网格片如图 5-14 所示。很明显，网格细化过程既集中在计算气动力的表面周围区域，也集中在上游区域。由于残差较大，一些单元格是在下游细化的。

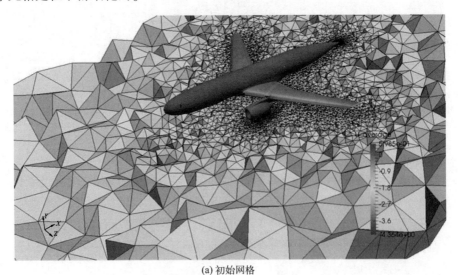

(a) 初始网格

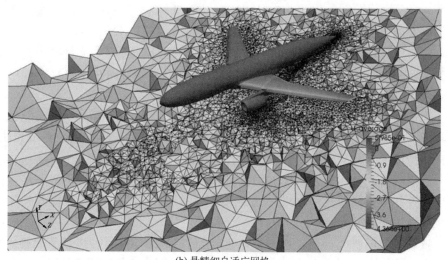

(b) 最精细自适应网格

图 5-14　与攻角 $\alpha=10.48°$ 对齐的波状网格片

5.4　结　　论

本章介绍了一种适用于时变气动特性模拟的不含湍流模型参数的自适应有限元方法，并根据 2017 年 6 月 3 日至 4 日在科罗拉多州丹佛市举行的第三届 AIAA CFD 高升力预测研讨会（HiLiftPW-3）上提出的全机模型的模拟结果对该方法进行了验证。该方法通过基于对偶的后验误差控制自动构建网格，作为计算过程的一部分，但不使用显式湍流模型。通过数值稳定性，采用基于 NSE 残差的加权最小二乘法，计算流动解析不足部分的湍流动能的耗散量。因此，该方法完全基于 NSE 数学模型，且未做出其他建模假设。

DFS 方法和这些模拟都不涉及参数，在问题界定阶段或网格生成过程中都不需要流动的先验知识。此外，根据滑动边界条件模拟湍流边界层，大大降低了计算成本，因此不需要边界层网格。

在我们研究的所有攻角下，计算的气动系数与实验值非常接近。特别是，C_L 值在大约 5%（实验值）的范围内，C_D 值的预测略高，约为 10%，这与 Hi-LiftPW-3 的大多数参与者采用一系列方法做出的预测一致[28]，表明问题陈述或实验数据中存在系统性错误。

误差由该方法自动估计，这一情况本身就是大部分（如果不是全部）其他 CFD 计算框架中所缺少的一个关键特征。

此外，DFS 中的自适应过程被视为收敛到具有 1%～2%数量级振荡的平均值。这有助于提高数值方法的可信度。

自适应计算的意义在于节省计算成本。在研讨会期间，我们将研究结果与其他参与小组的分享进行了比较。在自由度数方面，DFS 比 RANS 和格子玻耳兹曼方法快捷 10 倍左右。

为了捕捉失速状态，我们采用了一个转捩噪声项。经证实，该项能够触发物理上正确的失速分离模式。DNS 方法中也采用了关于噪声项的类似想法，并且添加该项对非失速构型并无任何影响，这是一个重要的验证。

我们观察到，DFS 方法能够捕捉到拟议构型的失速机制，即翼身连接区发生的大规模分离模式，实验中也观察到了这种机制。此外，捕捉的失速角也大约在 1°范围内。

致谢。这项研究得到了欧洲研究理事会、H2020 MSO4SC 拨款、瑞典研究理事会、瑞典战略研究基金会、瑞典能源署、巴斯克卓越研究中心（BERC 2014—2017）计划和巴斯克政府 ELKARTEK GENTALVE 项目、西班牙经济与竞争部 MINECO：BCAM Severo Ochoa 认证 SEV- 2013-0323 和西班牙经济与竞争部 MTM2013-40824 和 La Caixa 项目的支持。我们要感谢 PDC 高性能计算中心的瑞典国家计算基础设施（Swedish National Infrastructure for Computing, SNIC）提供超级计算机资源 Beskow。

参 考 文 献

[1] FEniCS (2003) Fenics project. http：//www.fenicsproject.org

[2] Hoffman, J.: Computation of mean drag for bluff body problems using adaptive dns/les. SIAM J. Sci. Comput. **27**（1），184-207（2005）

[3] Hoffman, J.: Adaptive simulation of the turbulent flow past a sphere. J. Fluid Mech. **568**，77-88（2006）

[4] Hoffman, J.: Efficient computation of mean drag for the subcritical flow past a circular cylinder using general galerkin g2. Int. J. Numer. Meth. Fluids **59**（11），1241-1258（2009）

[5] Hoffman, J., Jansson, N.（2010）A computational study of turbulent flow separation for a circular cylinder using skin friction boundary conditions. Ercoftac series, vol. 16. Springer, Dordrecht

[6] Hoffman, J., Johnson, C.: Computational Turbulent Incompressible Flow：Applied Mathematics Body and Soul, vol. 4. Springer, Berlin (2006)

[7] Hoffman, J., Johnson, C.: A new approach to computational turbulence modeling. Comput. Methods Appl. Mech. Eng. **195**, 2865-2880 (2006)

[8] Hoffman, J., Johnson, C.: Computational turbulent incompressible flow. In: Applied Mathematics: Body and Soul, vol. 4. Springer, Berlin (2007)

[9] Hoffman, J., Johnson, C.: Resolution of d'alembert's paradox. J. Math. Fluid Mech., 10 Dec 2008. (Published Online First at www.springerlink.com)

[10] Hoffman, J., Jansson, J., Jansson, N.: Fenics-hpc: automated predictive high-performance finite element computing with applications in aerodynamics. In: Proceedings of the 11th International Conference on Parallel Processing and Applied Mathematics, PPAM 2015. Lecture Notes in Computer Science (2015)

[11] Hoffman, J., Jansson, J., Stöckli, M.: Unified continuum modeling offluid-structure interaction. Math. Models Methods Appl. Sci. (2011)

[12] Hoffman, J., Jansson, J., de Abreu, R.V., Degirmenci, N.C., Jansson, N., Müller, K., Nazarov, M., Spühler, J.H.: Unicorn: parallel adaptive finite element simulation of turbulent flow and fluid-structure interaction for deforming domains and complex geometry. Comput. Fluids **80**, 310-319 (2013)

[13] Hoffman, J., Jansson, J., Degirmenci, C., Jansson, N., Nazarov, M.: Unicorn: A Unified Con- tinuum Mechanics Solver, Chap. 18. Springer, Berlin (2012)

[14] Hoffman, J., Jansson, J., Jansson, N., Abreu, R.V.D.: Towards a parameter-freemethod for high reynolds number turbulent flow simulation based on adaptive finite element approximation. Comput. Methods Appl. Mech. Eng. **288**, 60-74 (2015)

[15] Hoffman, J., Jansson, J., Jansson, N., Nazarov, M.: Unicorn: a unified continuum mechan- ics solver. In: Automated Solutions of Differential Equations by the Finite Element Method. Springer, Berlin (2011)

[16] Hoffman, J., Jansson, J., Jansson, N., Johnson, C., de Abreu, R.V.: Turbulent flow and fluid - structure interaction. In: Automated Solutions of Differential Equations by the Finite Element Method. Springer, Berlin (2011)

[17] Hoffman, J., Jansson, J., Jansson, N., De Abreu, R.V., Johnson,

C.: Computability and adap-tivity in CFD. In: Stein, E., de Horz, R., Hughes, T. J. R. (eds.) Encyclopedia of Computational Mechanics (2016)

[18] Houzeaux, G., Vázquez, M., Aubry, R., Cela, J.: A massively parallel fractional step solver for incompressible flows. J. Comput. Phys. **228** (17), 6316-6332 (2009)

[19] Huang, L., Huang, P. G., LeBeau, R. P.: Numerical study of blowing and suction control mech-anism on naca 0012 airfoil. AIAA J. Aircr. (2004)

[20] Hunt, J. C., Wray, A. A., Moin, P.: Eddies, streams, and convergence zones in turbulent flows (1988)

[21] Jansson, N., Hoffman, J., Jansson, J.: Framework for massively parallel adaptive finite element computational fluid dynamics on tetrahedral meshes. SIAM J. Sci. Comput. **34** (1), C24-C41 (2012)

[22] Kirby, R. C.: FIAT: Numerical Construction of Finite Element Basis Functions, Chap. 13. Springer, Berlin (2012)

[23] Logg, A., Mardal, K.-A., Wells, G. N., et al.: Automated Solution of Differential Equations by the Finite Element Method. Springer, Berlin (2012)

[24] Logg, A., Ølgaard, K. B., Rognes, M. E., Wells, G. N.: FFC: The FEniCS Form Compiler, Chap. 11. Springer, Berlin (2012)

[25] Mellen, C. P., Frölich, J., Rodi, W.: Lessons from lesfoil project on large-eddy simulation of flow around an airfoil. AIAA J. **41**, 573-581 (2003)

[26] Moin, P., You, D.: Active control of flow separation over an airfoil using synthetic jets. J. Fluids Struct. **24** (8), 1349-1357 (2008)

[27] Piomelli, U., Balaras, E.: Wall-layer models for large-eddy simulation. Annu. Rev. Fluid Mech. **34**, 349-374 (2002)

[28] Rumsey, C.: 3rd AIAA CFD High Lift Prediction Workshop (HiLiftPW-2) (2017). http://hiliftpw.larc.nasa.gov/

[29] Sagaut, P.: Large Eddy Simulation for Incompressible Flows, 3rd edn. Springer, Berlin (2005)

[30] Schlatter, P., Orlu, R.: Turbulent boundary layers at moderate reynolds numbers: inflow length and tripping effects. J. Fluid Mech. **710**, 534 (2012)

[31] Shan, H., Jiang, L., Liu, C.: Direct numerical simulation of flow separation around a naca 0012 airfoil. Comput. Fluids **34**, 10961114 (2005)

[32] Slotnick, J., Khodadoust, A., Alonso, J., Darmofal, D., Gropp, W., Lurie, E., Mavriplis, D.: Cfd vision 2030 study: a path to revolutionary computational aerosciences (2014)

[33] Spalart, P.R.: Detached-eddy simulation. Annu Rev. Fluid Mech. **41**, 181–202 (2009)

[34] Vilela de Abreu, R., Jansson, N., Hoffman, J.: Adaptive computation of aeroacoustic sources for a rudimentary landing gear. Int. J. Numer. Meth. Fluids **74** (6), 406–421 (2014)

[35] Witherden, F.D., Jameson, A.: Future directions of computational fluid dynamics. In: 23rd AIAA Computational Fluid Dynamics Conference, p. 3791 (2017)

第6章 使用开源代码 SU2 对高升力通用研究模型进行 RANS 模拟

A. Matiz−Chicacausa，J. Escobar，D. Velasco，N. Rojas 和 C. Sedano

摘　要：高升力装置作为一种有效的解决方案，在航空领域使用了几十年，它可以将飞机的起降速度保持在可接受的范围内，同时增加机翼载荷，实现更快、更有效的巡航飞行。准确预测这些装置的性能不仅对设计要求至关重要，而且还可以向机组人员和自动飞行系统提供可靠的飞行速度。为此，本章介绍了高升力通用研究模型（HL-CRM）绕流的数值解和分析，从而促成了第三届高升力预测研讨会的召开。使用斯坦福大学的 CFD 代码 SU2 在组委会提供的网格族 B3 的两个网格上计算了一组解，攻角为 8°和 16°，雷诺数为 $3.26×10^6$。结果表明，在气动系数方面，与研讨会参与者提交的解吻合较好。本章根据其他作者发表的理论和研究结果，对升力面流动和机翼尾流的主要特征进行了观察与讨论。

6.1　概　　述

计算流体动力学代码是预测简化飞机构型气动性能的一种安全可靠的工具。然而，高升力空气动力学分析仍具有挑战性。高升力流动的复杂性包括压力梯度尾流、尾流/边界层混合、流线曲率、分离流、翼尖涡流以及机翼构件上的层流/湍流转捩区[1]。因此，我们召开了一系列研讨会，以提高通过 CFD 模拟预测高升力流动的技术水平。

2010 年举办的第一届 HiLiftPW 研究了 NASA 三段梯形翼构型。例如，研究结果显示，与实验测量结果相比，CFD 低估了升力、阻力和俯仰力矩的大小，以及接近失速状态下解的显著差异和预测翼尖附近气流的问题[1]。因此，我们计划举办第二届研讨会，主要解决以前的问题，如网格收敛研究。第二届研讨会主要参考 DLR-F11 三段翼/身。该构型比之前的构型更具有代表性，并且可以获得高、低雷诺数下的实验数据，以验证 CFD 计算

第6章 使用开源代码SU2对高升力通用研究模型进行RANS模拟

结果[2]。经过前几届研讨会成功举办后,在丹佛举行的第三届高升力预测研讨会的框架下,Lacy和Sclafani[3]研发的通用研究模型(Common Research Model,CRM)可在两种攻角(即8°和16°)下模拟全弦襟翼缝道和半封闭弦襟翼缝道两种构型。研讨会的目的是评估当前CFD代码对高升力构型的数值预测能力、制定高升力流场的CFD预测指南、确定高升力物理特性的关键参数,以期制定准确的预测方法,并提高高升力气动特性的CFD预测能力。在第三届研讨会上,约有40名参与者使用各种CFD代码对通用研究模型进行了盲算。

高升力系统的重要性在于,其可以使商用飞机高效地低速飞行,这会进一步影响起降阶段。对这些系统的研究可帮助我们衡量空气动力学性能发生相对较小变化时对飞机重量和性能的重要影响[4],Meredith[5]列举了部分实例。

高升力系统流场的特殊性在于上游部件的尾流与下游部件的边界层相互作用并最终混合在一起。这种流场的特点是有一层薄薄的湍流边界层,会产生较强的压力梯度,因此该流场不太可能经历流动分离。

前向部件(即缝翼)上方的气流环流产生了一个与下游部件(即主翼)后缘流动的自然方向相反的速度分量。这种所谓的缝翼效应,降低了下游部件前缘上方的吸入峰值,从而减少了压力恢复,延迟了流动分离;同时,后向部件在上游部件上产生了一种环量效应,从而增加了其载荷,因此,升力有所增加。下游部件上表面的加速流减缓了压力恢复,这对边界层也是有利的,并在翼缝后缘以较快的速度排出,称为卸载效应[6]。

数值模拟作为预测气动特性、设计飞机部件和研究流体结构相互作用等方面的工具,在航空航天工业中得到了很好的应用。过去,CFD主要用于气动巡航设计,但近年来已用于多种类型的气动研究,其中低速设计仍是较具挑战性的设计之一。低速设计包括研究固定翼或襟翼前缘的形状和缝翼—襟翼结构。此外,低速设计还涉及高升力部件的多功能使用和高升力系统的简化。从物理角度来看,流动分离与再附、层流—湍流转捩、黏性尾流相互作用和合流边界层都属于复杂的现象,因此很难用CFD方法进行建模[7]和模拟;此外,几何复杂性加剧了风洞数据与CFD模拟结果之间的不一致性[8]。

高升力系统的CFD模拟在过去的10年里一直是研究人员感兴趣的课题。为了减少用结构化网格模拟复杂几何图形的困难,我们使用了各种自适应网格技术,其中最常见的是多区域方法和嵌套网格。Mathias和Cummings采用嵌套网格与多块对接网格这两种技术捕获了二维和三维多段高升力系统相关的流动复杂性，并利用实验数据验证了 CFL3D 的结果[9]。我们根据大量的可用实验数据，广泛研究了 NASA 的高升力梯形翼；其他作者[10]的主要目标是验证 CFD 代码 OVERLOW，而求解器捕获到了高升力构型的黏性特性。Kharea 等[7]的研究目的是找到足够的网格分辨率，以捕获复杂的黏性现象并准确预测气动系数，而 Chaffin 和 Pirzadeh[11]则注重网格细化要求，以模拟流动物理特性，准确预测气动系数，并研究缝翼和襟翼支架的影响。

考虑到 CFD 方法能够准确预测高升力系统的流动特性，目前仍有许多不一致的不确定来源有待研究。首先是与缺乏良好分辨率的网格相关的误差。通过雷诺平均 Navier-Stokes（RANS）模拟捕获到了大尺度湍流结构的流场；但依赖于网格分辨率的区域可能无法很好地捕获这些结构，因此低估了气动系数。另一个值得关注的问题是湍流模型，原因是有大量的模型可供选择，并且这些模型的研究结果之间存在明显的差异[12]。RANS 方法缺乏物理精度，不能完整描述湍流流场；此外，流动的非定常性质必须通过求解时变方程进行适当的模拟。

开发更高质量的网格和自适应网格技术以改进物理建模，并获取流动性能和几何结构的复杂性仍然是一个值得讨论的问题。上一届高升力预测研讨会的主要结论之一是，$C_{L\max}$ 值附近的流体预测仍具有挑战性，并且流动分离似乎未进行适当的建模，因此明确需要超细网格（2 亿~6 亿个网格点），以减少参与者研究结果之间的分散性[13]。

本章将介绍圣布埃纳文图拉大学和洛斯安第斯大学使用斯坦福大学的非结构化（Stanford University Unstructured, SU2）CFD 开源代码参加最近举办的高升力预测研讨会的情况[14]。开源代码在过去的 10 年里发展迅速，但尚未得到充分验证。此外，这种代码在 HiLiftPW 研讨会上的表述简化为 OpenFOAM，牛津大学参与了最近举办的两届研讨会，而哥伦比亚大学使用 SU2 参与了第三届研讨会。SU2 自发布以来不断完善成熟。SU2 能够解决空气动力学问题并获得满意的结果，因此越来越多的人接受 SU2[14-15]。本章的目的是测试处理世界级问题的低计算能力，并评估开源代码预测复杂几何结构的气动力/力矩的能力。

6.2　NASA 通用研究模型

第三届高升力预测研讨会将 NASA 工程师[3]设计的高升力通用研究模型（HL-CRM）作为全弦襟翼缝道构型的参考几何结构。这是不带短舱、挂架、

第6章 使用开源代码SU2对高升力通用研究模型进行RANS模拟

尾架或支撑架的标称着陆构型（缝翼和襟翼分别展开30°和37°）的一个翼身高升力系统。本章在 $Ma=0.2$、$Re=3.26\times10^6$ 且攻角 $\alpha=8°$ 和 $\alpha=16°$ 的条件下，对 HL-CRM 模型进行了气动研究。

我们在全弦襟翼缝道构型的两种不同细化程度的网格上进行了模拟。图 6-1 描述了 NASA 的粗网格通用研究模型。机翼周围粗网格的剖视图及襟翼和缝翼上方网格的详细视图如图 6-2 所示。

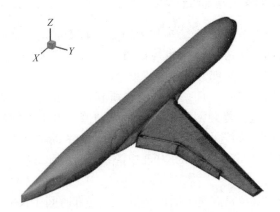

图 6-1　NASA 通用研究模型的粗网格

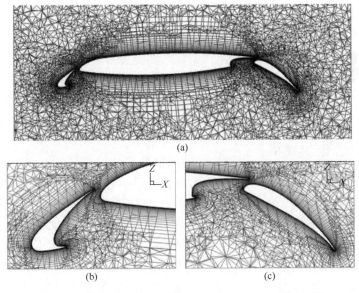

图 6-2　机翼剖面周围的粗网格。(c) 缝翼；(b) 襟翼

6.3 数 值 方 法

本节描述了本章所有模拟使用的软件（斯坦福大学非结构化 SU2）、实现收敛的计算结构以及湍流模型。

6.3.1 斯坦福大学非结构化 SU2

SU2 是一个基于节点的非结构化求解器；该数值方法基于有限体积法，在对偶网格上用标准的边基结构将控制方程（完全可压缩求解器）离散化，控制体采用点基的中值对偶方法构建[16]。

在控制方程的离散化方面，梯度项在所有网格节点上均采用格林—高斯方法，然后求平均值，得到网格单元面的流动值。鉴于求解器的性质，对流通量和黏性通量都在边缘的中点计算，然后用求解器求边值的积分。对流通量采用带梯度限制（MUSCL）的空间二阶精度方法和数值方法 ROE 进行离散化[17]。

采用一阶隐式欧拉格式进行时间离散化。局部时间步长的 Courant-levy 数在最大值为 10、最小值为 1 的取值范围内具有自适应特性。为了提高收敛速度，我们采用了上下对称的 Gauss-Seidel 预处理算子（LU-SGS）和低马赫流的 Roe-Turkel 预处理算子[18]。

在中等、粗网格上进行的数值模拟都是从 8°攻角重新开始的，先对流通量进行一阶离散化迭代，以保证收敛性；然后进行二阶离散化迭代，以提高收敛性。此外，在粗网格上使用两级多重网格来加速收敛，并在解突然开始发散之前变为一级多重网格。根据 8°攻角下获得的解，计算 16°攻角下的数值模拟结果。所有输运变量的残差至少减少了 6 个数量级。

6.3.2 湍流建模

湍流建模是 CFD 模拟的一个重要方面。目前有 4 种方法可以实现湍流建模：需要最少计算资源的雷诺平均 Navier-Stokes（RANS）方程；直接数值模拟（DNS）；需要大量计算资源的大涡模拟（LES）；以及结合 RANS 和 LES 的混合方法（如 DES）。RANS 模型在精确结果与计算资源需求之间能达到较好的平衡，因此 RANS 模型是目前气动应用中最常用的模型。本书使用了标准的 Spalart-Allmaras RANS 模型[19]，该模型广泛用于气动应用和外部流动模拟。

6.3.3 计算资源

本章所述的所有数值模拟均采用三种高性能的计算系统。首先,在8°和16°攻角下,使用运行 Rocks 6.2 的戴尔 Precision R5500(Dual Intel Xeon X5675、3.06GHz、12-M Cache、6.40GT/s Intel QPI 和 96GB DDR3 ECC RDIMM)在粗网格上求解。其次,当攻角为8°时,中等网格上的模拟采用 17-HP 刀片式服务器 ProLiant BL460c Gen8,每台服务器都配备 192-GB RAM、两台 Intel(R)Xeon(R)CPU E5-2695 v2 2.40GHz(12核)处理器、4台 HD 279GB(RAID 1)和 Infinitiband 网络结构(40Gb/s)。最后,当攻角为16°时,中等网格上的计算采用 Sabalcore Computing Inc.[①] 提供的 HPC 按需服务。所有模拟都在钴簇合物的4个节点(64个处理器)上执行,各节点配备了 Intel Xeon E5-2600 系列处理器(最高性能达 3.1GHz 的金属芯、每个内核的 RAM 高达 8GB)、Infinitiband 网络结构、40Gb/s 数据网络和并行文件系统(I/O 的 1.5Gb/s)。使用的计算资源和模拟时间如表 6-1 所示。

表 6-1 计算资源和模拟时间

参数	圣布埃纳文图拉大学		洛斯安第斯大学	Sabalcore
α	8°	16°	8°	16°
网格(B3)	粗	粗	中等	中等
单元格	18011980	18011980	47557044	47557044
处理器	英特尔	英特尔	英特尔	英特尔
节点	1	1	4	4
内核	12	12	64	64
使用的 RAM	62.8Gb	62.8Gb	157Gb	62.8Gb
时间/迭代/min	1.39	1.39	1.25	0.43

6.3.4 几何描述和网格

高升力通用研究模型(HL-CRM)的几何结构由波音公司的 Lacy 和 Sclafani 开发[3]。设计过程包括对各种高速单元进行改良,这些单元构成了之前研究的高速通用研究模型[20]的几何结构。换句话说,该想法是为了适应机翼/机身/短舱/挂架/水平尾翼构型,从而使新模型优先提高升力而不是飞行器的速度。唯一的设计考量是,必须类似于"现代商用飞机,但不包括所有

---

① http://www.sabalcore.com.

细节"[3]，同时牢记该模型主要作为 CFD 验证工具。因此，新模型必须具有一定的几何简单性和展向一致性，从而简化 CFD 结果的解释。本节将要对各单元的主要变化进行广泛的解释。

对机翼作了 4 个主要的改变。首先，机翼必须通过展向矫直"重新放样"，从而轻松实施其他高升力装置。为此，垂直剪切 Y 平面上的一组剖面。此外，利用上表面的跨度流线简化了全翼展缝翼的布置。其次，改进增加了机翼的有效前缘半径，同时使后缘厚度在全尺度比例下为 0.2 英寸。再次，放样从四面放样改为整体放样。其目的是通过恒定的参数跨度流线简化 CFD 过程（即网格划分和边界条件设置）。最后，机翼基准面的中心位置有一个经校直的机翼，通过确定的旋转和平移操作近似表示高速通用研究模型。

选择的高升力装置包括前缘的缝翼和后缘的单开缝襟翼。缝翼构型主要有两个目的：允许机翼实现大攻角，并在失速时低头。为了实现第一个目的，我们选择使用连续前缘翼弦分布，同时在短舱的内外侧采用线性翼弦分布。这使得内侧翼展采用定常弦长的缝翼，外侧翼展采用线性翼弦分布。为了与典型的商用飞机相似，附加了一个约束条件，即确定缝翼在收放位置之间的圆弧轨迹[3]。考虑到缝翼的不同限制，机翼的下缝翼翼面（WUSS）设计很简单。这表明缝翼的着陆位置分别为 30°（旋转）和 22°（起飞时）。

襟翼的设计应确保外侧襟翼的弦长为当地机翼弦长的 25%。但内侧襟翼是恒定不变的，因此等于外侧襟翼的内侧端。为了保持压力分布的灵活性，我们选择实施这些约束条件。这些允许使用优化框架，并以 40°攻角下的三角形压力分布作为设计目标[3]。

此外，收起的襟翼前缘向前平移，以保持线性展向翼隔分布。最后，为了迭代襟翼与机翼之间的重叠和翼隔设计，选择 40°值作为最大着陆襟翼偏角。最终模拟时，着陆构型的襟翼偏转了 37°。虽然 HL-CRM 确实涉及一个短舱—挂架构型，但为了使解简化，作为 HLPW-3 一部分进行的模拟并未包含这些部件。为此，通过移除挂架与机翼相连处的 WUSS 凸起部分和通过连续放样来填充缝翼的间隙来改进其几何结构[21]（图 6-3）。

6.3.5　几何结构

最后，为了减少组成机身的曲面数量，我们对机身进行了修正（图 6-4）。决定保留一些曲面，确保与高速通用研究模型相比不会产生重大变化。然而，机身腹部与曲面参数化不一致，因此在对该结构进行网格划分时发现了一些问题。解决方法是调整边界曲线中的不连续性，而边界曲线必须再次经历参数化过程[21]。

第 6 章　使用开源代码 SU2 对高升力通用研究模型进行 RANS 模拟

图 6-3　拆除短舱—挂架装配

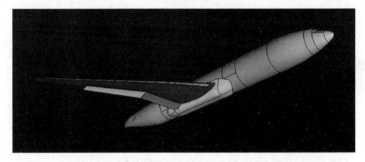

图 6-4　第三届 CFD AIAA HiLiftPW 的 HL-CRM 最终几何形状

有 4 种类型的网格（粗网格、中等网格、细网格和超细网格），其由每种网格中的元素数量进行划分。每个网格的计算域保持不变。计算域的边界条件和总体尺寸如图 6-5 所示。

本书选择的网格族是 B3[①]，其在曲面网格中具有特殊的特性。曲面网格采用了四边形和三角形，如图 6-6 所示。该曲面网格的生成算法为适用于三角形和四边形的 Pointwise 非结构前沿正射法；这是 Pointwise 18 版的一个新特性。使用 Pointwise 的 T-Rex 工具在前缘和后缘上创建了多层四边形，以便正确模拟曲率，并在机翼、襟翼和缝翼中使用 30 层四边形，增长率为 1.5。值得注意的是，这种网格划分仅适用于曲面。

另外，为了进行体网格划分，我们进行了额外的细化，即利用 Pointwise 的另一个新特征（称为"源"）正确捕获了机翼上的尾流。这种特征允许用户在各个网格块的特定部位聚集更多的点。网格族 B3 中各体网格的网格生成参数如表 6-2 所示。

---

① 可登录 ftp：//hiliftpw-ftp. larc. nasa. gov/outgoing/HiLiftPW-3/HL-CRM-Grids 查阅。

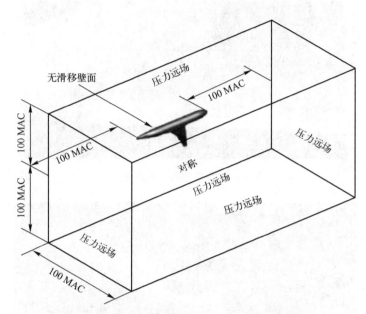

图 6-5　计算域的边界条件和总体尺寸（未按比例）

图 6-6　B3 粗网格的曲面网格

表 6-2　各种网格的网格生成参数

网　格	y^+	初始壁面间距/英寸	棱柱体层数	增加率	元素总数
粗	1	1.75×10^{-3}	100	1.25	18,011,980
中等	2/3	1.17×10^{-3}	100	1.25	47,557,044
细	4/9	7.8×10^{-4}	100	1.25	118,774,267
超细	8/27	5.2×10^{-4}	100	1.25	397,082,470

6.4 结果与讨论

当攻角为 8°和 16°时，在中、粗网格上计算的升力、阻力和俯仰力矩系数在图 6-7 中用红色表示。第三届 AIAA CFD 高升力预测研讨会组委会收集的由参与者提交的数值结果仅供参考[22]。当连续精细网格的解渐进为零时，可以估算系统精细网格的离散误差[23]。在这种情况下，按 $N^{-2/3}$ 绘制结果（假设二阶收敛）。虽然网格收敛研究需要提供网格族至少 3 种网格的计算结果，但本节所述的内容只是在网格族 B3 的中、粗网格上的结果获得。

当攻角为 8°时，采用 SU2 在两种网格上预测的升力系数在参与者提交的结果范围内；但中等网格上计算的值略高于这一组解。在 16°攻角下获得的结果更有价值。在中、粗网格上计算的值接近参与者提交的数值解的平均值，随着网格的细化，似乎也遵循类似的趋势。

阻力系数比升力系数更难预测。通过与参与者提交的数值解比较，表明粗网格上计算的阻力在离差范围内，但高估了中等网格上的阻力。当攻角为 16°时，在中等网格上计算的阻力系数与字母 B 和 R 确定的数值相当，但高于大多数解。当攻角为 8°时，相同网格的计算值比图中给出的所有解都要高。

最后，粗网格上预测的两种攻角下的力矩系数均高于平均值，但在参与者提交的数值解的离差范围内。当攻角为 8°时，在中等网格上计算的值低于大多数解，在网格细化时似乎不遵循类似的趋势；然而，当攻角为 16°时，在中等网格上计算的值与数值解更接近，且呈现出类似的趋势。

两种网格上计算的气动系数通常在 HiLiftPW-3 参与者报告结果的离差范围内，但当攻角为 8°时，在中等网格上计算的数值除外。细网格的解可提供关于该攻角下气动力的更多信息，这有助于评估该解是否在渐近范围内。本节中的计算结果足以确定高升力构型中飞机绕流的主要特征。

当攻角为 8°时，在机翼的 8 个剖面上计算的压力系数分布如图 6-8 所示。沿翼展的 8 个剖面位置如图 6-9 所示，以供参考。在翼根附近的三个剖面上，两种网格的计算结果的差异非常小，但在机翼沿外侧襟翼的剖面上差异较大。在襟翼吸力侧、前缘附近和朝向主翼后缘的中等网格上预测到较大的负值。此外，位于 81.9%和 90.1%翼尖附近的机翼剖面表明，在靠近前缘的主翼下表面和缝翼下表面上显示出较大的正压峰值。这些结果与中等网格上预测的较高升力系数相一致，与较大的吸力值和由压力中心后向位移产生的更多负力矩系数有关。

高升力构型空气动力特性数值模拟

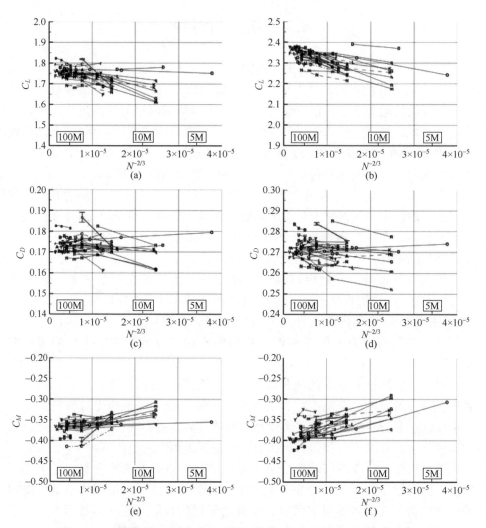

图 6-7 在攻角为 8° 和 16° 时,利用 NASA 通用研究模型计算的升力、阻力和力矩系数。本节中 SU2 预测的值用红色表示,HiLiftPW-3 参与者提供的解用黑色表示(见彩图)

值得注意的是,两种网格上计算的压力系数差异在外侧襟翼的吸力侧更为明显,但在靠近翼尖部分的后缘附近却不明显。很遗憾,目前尚无实验数据可以验证这些结果,但通过更精细的网格可以更好地捕获三种机翼构件上方流动的复杂性,因此中等网格上预测的结果更准确。

第6章 使用开源代码SU2对高升力通用研究模型进行RANS模拟

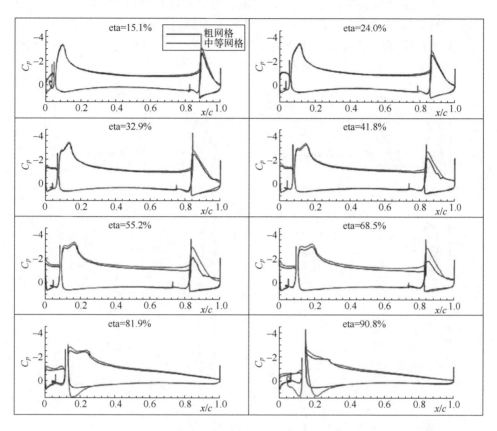

图6-8 当攻角为8°时,在中等、粗网格上计算的沿展向8个机翼剖面上的压力系数(见彩图)

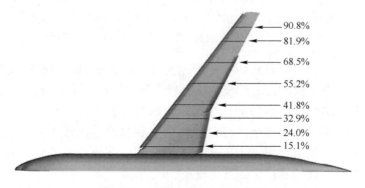

图6-9 沿翼展的8个剖面位置

压力系数分布表明,当攻角为16°时,中、粗网格上的计算结果具有较好的相关性(图6-10)。8°攻角下的差异在大部分缝翼和主翼上大幅减少;只有在靠近前缘89.1%和90.8%处的主翼压力侧有一个小小的差异。在外侧缝翼的吸入侧仍存在变化,但比攻角为8°时的变化要小得多。

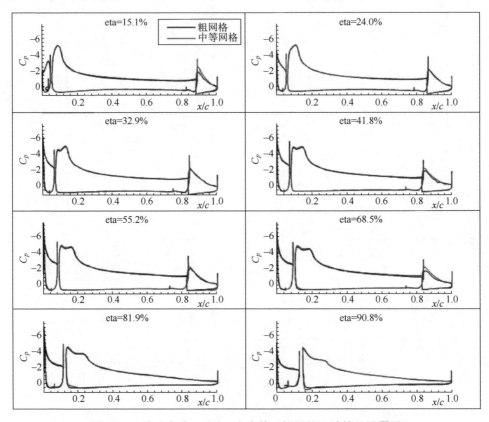

图6-10 当攻角为16°时,在中等、粗网格上计算的沿翼展8个位置分布的机翼剖面上的压力系数分布(见彩图)

通过压力分布可以观察到缝翼和襟翼对流动的影响。在相对较低的8°攻角下,襟翼前部主翼剖面上的吸力比无襟翼剖面(即翼尖附近)的吸力更大。单元主翼后缘方向上的压力向压力恒定点缓慢恢复,并开始略微增加。逆压梯度的减小证明了襟翼产生的环量效应使主翼局部速度增加。由于压力分布的改变,导致主翼升力增加,而流动不易分离。在该攻角下,升力大部分来自主翼和襟翼,而缝翼产生的升力很小。

在较大攻角16°下,缝翼上的气动载荷增加,其对总升力的贡献变得更加重要。在缝翼后缘附近的流动中,主翼的诱导速度增加了缝翼的环量及上表

第6章 使用开源代码 SU2 对高升力通用研究模型进行 RANS 模拟

面的切向速度（即环量效应）[6]。局部流速较快，因此压力恢复较缓和，这对边界层是有利的。此外，卸载效应引起的高卸载速度比导致缝翼表面（尤其是后缘附近）的压力系数差异较大[6]。缝翼周围的环量降低了大攻角下前缘附近的高速流动，因此主翼的吸力峰值也可以体现缝翼效应。

攻角为 8°时计算的表面摩擦系数分布如图 6-11 所示。气流附着在沿翼展的所有机翼剖面的大部分曲面上；但在主翼前缘附近的两个网格和外侧襟翼上表面的中等网格上预测了一些分离流点。粗网格上未观察到这种分离。

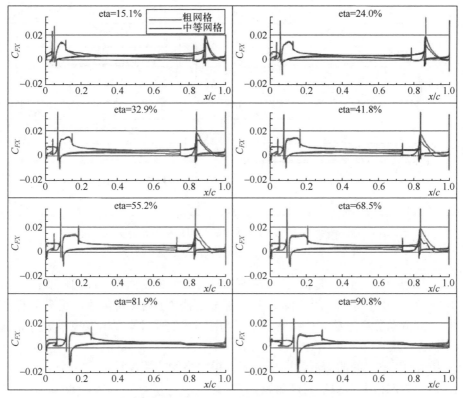

图 6-11　当攻角为 8°时，在中等、粗网格上计算的沿翼展
8 个位置分布的机翼剖面上的表面摩擦系数分布（见彩图）

在 16°的攻角下预测到类似的结果（图 6-12）。流动分离是在部分外侧襟翼的中等网格上计算的，但粗网格上未观察到任何分离。气流仍附着于大部分机翼上，且未对失速迹象进行评估。

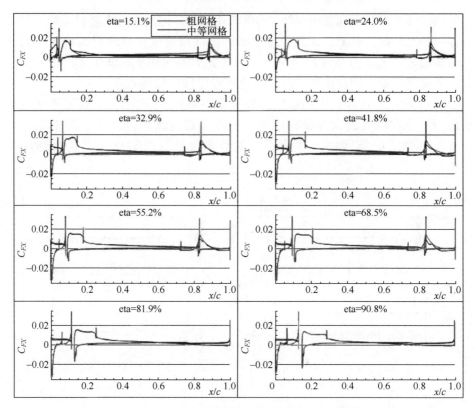

图 6-12 当攻角为 16°时，在中等、粗网格上计算的沿翼展
8 个位置分布的机翼剖面上的表面摩擦系数分布

粗网格上攻角 8°时的表面流线显示，襟翼表面流动出现部分分离（图 6-13）。在中等网格上，除翼尖外，气流附着于内侧襟翼上，但外侧襟翼上捕获到流动分离迹象。这些观察结果与图 6-12 所示的表面摩擦系数分布非常一致。

图 6-14 所示的曲面流线同样表明，粗网格的外侧襟翼上有一个分离流区域，但中等网格上未观察到该区域。

中等网格上计算的 x 涡量等值线如图 6-15 所示。当攻角为 8°时，x 涡量等值线表明，翼尖、外侧襟翼翼尖和内外襟翼缝道周围的流动产生三个逆时针方向的自由涡，而翼根处的内侧襟翼翼尖产生一个顺时针方向的自由涡。翼尖涡在下游的两倍弦长内消散较快（图中看不到 -20s^{-1} 与 20s^{-1} 之间的 x 涡量值），但从襟翼脱离的涡在下游大约 6 倍弦长处消散。当攻角为 16°时，在机翼尾流中捕获到类似的涡结构，虽然这种涡结构更大，但在下游大约 4 倍弦长处似乎消散得更快。翼尖涡和襟翼涡的过阻尼现象可能是由于 Park 等[24]研究的机翼尾流的网格分辨率较差和湍流模型（即 SA 模型）[25]造成的。

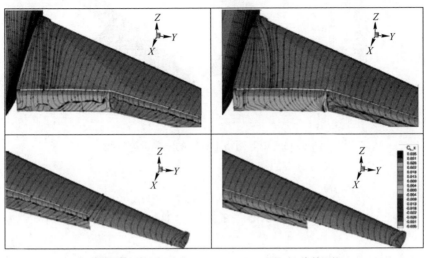

(a) 粗网格　　　　　　　　　　　(b) 中等网格

图 6-13　攻角为 8°时，中等、粗网格上计算的
表面摩擦系数和曲面流线等值线

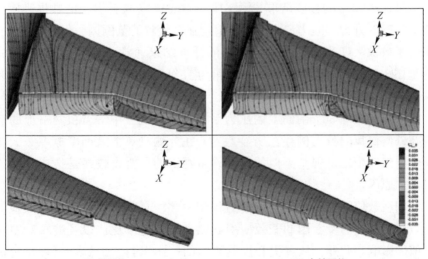

(a) 粗网格　　　　　　　　　　　(b) 中等网格

图 6-14　攻角为 16°时，中等、粗网格上计算的
表面摩擦系数和曲面流线等值线

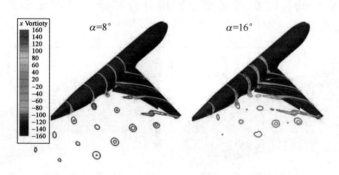

图 6-15 中等网格上计算的 x 涡量等值线

6.5 结　　论

本章通过数值模拟分析了 NASA 高升力构型通用研究模型上方的流动。为此，使用斯坦福大学的 SU2 在第三届 HiLiftPW 组委会提供的网格族 B3 的中等、粗网格上计算了 8°和 16°攻角下的解。

通过比较 SU2 的数值结果与第三届 HiLiftPW 参与者提交的数据表明，粗网格上计算的升力、阻力和力矩系数值均在数值解的范围内，但攻角为 16°时的阻力系数被大幅高估。中等网格上的计算结果通常不在数值解的范围内，特别是在 8°攻角下亦是如此；但当攻角为 16°时，中等网格上计算的升力和力矩系数与公布的数值解比较符合。

沿翼展分布的 8 个剖面上的压力系数分布表明，中等、粗网格上的计算结果在外侧襟翼的吸力侧存在明显差异。在外侧襟翼上表面摩擦系数云图和表面受限流线中也发现了类似的差异。粗网格的分辨率较差是造成这种差异最可能的原因。

我们在数值结果中观察到高升力构型中多段翼的一些比较典型效应，如环量效应、缝翼后缘上因卸载效应引起的高卸载速度比，以及缝翼对主翼吸力峰值的影响。此外，从翼尖和襟翼脱离的一次涡与二次涡被可视化为机翼尾流平面上的 x 涡量等值线。据观察，16°攻角时涡量在尾流中的消散速度比 8°攻角时的消散速度更快。这种现象归因于湍流模型的限制和机翼尾流的网格分辨率较差。

致谢。作者要感谢 Sabalcore Computing Inc. 公司为确保项目成功所开展的高要求模拟提供了宝贵的支持和计算资源。作者还要感谢圣布埃纳文图拉大学和洛斯安第斯大学的 IT 人员为模拟使用的 HPC 系统提供的技术支持。本章给出的结果是圣布埃纳文图拉大学工程学院和洛斯安第斯大学机械工程系共同创立的 CBI E01-001 项目的成果。

参 考 文 献

[1] Runsey, C., Slotnik, J.: In: Overview and Summary of the Second AIAAA high Lift Prediction Workshop

[2] Rudnik, R., Huber, K., Melber-Wilkending, S.: EUROLIFT Test Description for the 2nd High Lift Prediction

[3] Lacy, D., Sclafani, A.: Development of the High Lift Common Research Model (HL-CRM): A representative high lift configuration for transonic transport. In: AIAA SciTech Forum, 54th AIAA Aerospace Sciences Meeting, San Diego (2016)

[4] van Dam, C.: The aerodynamic design of multi-element high-lift systems for transport airplanes. Prog. Aerosp. Sci. 101-144 (2002)

[5] Meredith, P.: Viscous phenomena affecting high-lift systems and suggestions for future CFD development. High-lift Syst. Aerodyn. (1993)

[6] Smith, A. M. O.: High-lift aerodynamics. J. Aircr. **12**, 501-530 (1975)

[7] Kharea, A., Baiga, R., Ranjana, R., Shaha, S., Pavithrana, S., Nikama, K., Moitrab, A.: Com-putational simulation of flow over a high-lift trapezoidal wing. ICEAE (2009)

[8] Becker, K., Vassber, J.: Numerical aerodynamics in transport aircraft design. In: Note on Numeric Fluid Mechanics, pp. 209-220. Springer, Berlin (2009)

[9] Mathias, D., Cummings, R.: Navier-stokes analysis of the flow about a flap edge. J. Aircr. 833-838 (1998)

[10] Rogers, S., Roth, K., Nsh, S.: CFD validation of high-lift flows with significant wind-tunnel effects. In: Applied Aerodynamics Conference, Denver. (2000)

[11] Chaffin, M., Pirzadeh, S.: Unstructured Navier-stokes high-lift computations on a trapezoidal wing. In: 23rd AIAA Applied Aerodynamics

Conference, Toronto (2005)

[12] Rumsey, C., Yingb, S. X.: Prediction of high lift: review of present CFD capability. Prog. Aerosp. Sci. 145-180 (2002)

[13] Rumsey, C.: High lift prediction workshop. In: Third High Lift Prediction Workshop (2017)

[14] Economon, T., Palacios, F., Copeland, S., Lukaczyk, W., Alonso J.: An open-source suite for multiphysics simulation and design. In: 51st AIAA Aerospace Sciences Meeting, Grapevine (2013)

[15] Molina, E., Spode, C., Manosalvas-Kjono, D. E., Nimmagadda, S., Economon, T., Alonso, J., Righi, M.: Hybrid RANS/LES calculations in SU2. In: 23rd AIAA Computational Fluid Dynamics Conference (2017)

[16] Economon, T., Mudigere, D., Bansal, G., Heinecke, A., Palacios, F., Park, J., Smelyanskiy, M., Alonso, J., Dubey, P.: Performance optimization for scalable implicit RANS calculations with SU2. Comput. Fluids 146-158 (2016)

[17] Roe, P. L.: Approximate Riemann solvers, parameter vector, and difference schemes. J. Comput. Phys. 357-372 (1981)

[18] Turkel, E., Vatsa, V. N., Radespiel, R.: Preconditioning Methods for Low-Speed flows (1996)

[19] Spalart. P. R., Allmaras, S. R.: A one equation turbulence model for aerodynamic flows. In: 30th AIAA Aerospace Sciences Meeting and Exhibit (1992)

[20] Vassber, J. C., DeHaan, M. A., Rivers, S. M., Wahls, R. A.: Development of a common research model for applied CFD validation studies. In: AIAA Applied Aerodynamics Conference, Hon-olulu, Hawaii (2008)

[21] Taylor, N., Jones, B., Gammon, M.: 1st AIAA Geometry and Mesh Generati on Work-shop: GMGW-1 Presentations, 4 June 2017. Retrieved from http://www.pointwise.com/gmgw/gmgw1/GMGW1-Committee-Taylor-Geometry.pdf consulted on July 11, 2017

[22] Sclafani, T., Slotnik, J., Chaffin, M., Feinmann, J., Melber, S.: Hilift-PW-3 Case 1 Results Summary, Summary Case 1 2 copy (2017)

[23] Diskin, B., Thomas, J., Rumsey, C., Schwoeppe, A.: Grid Convergence for Turbulent Flows (Invited). In: 53rd AIAA Aerospace Sciences Meeting, American Institute of Aeronautics and Astronautics (2015)

[24] Park, M. A., Lee-Raush, E. M., Rumsey, C. L.: In: FUN3D and CFL3D Computations for the First High Lift Prediction Workshop. 49th AIAA Aerospace Sciences Meeting, 4-7 Jan, pp. 24, Orlando, FL (2011)

[25] Nichols, R.: Algorithm and turbulence model requirements for simulating vortical flows. In: 46th AIAA Aerospace Sciences Meeting and Exhibit, American Institute of Aeronautics and Astronautics (2008)